边练边学 51 单片机
——基于 STC15 系列

李志远　刘小平　张南宾　编著
冉　涌　杨　勇

北京航空航天大学出版社

内 容 简 介

本书通过无驱动多位数码器控制、无驱动 8×8 点阵控制、迷你时钟、智能温控系统、手势遥控车、极光、12864 液晶屏频谱显示这 8 个实践操作项目详细介绍了 STC15 系列单片机的 I/O 口、A/D 转换器、UART 串行口、PWM、EEPROM 等方面的应用。

本书配套资料包括所有实践操作项目的完整 C 程序、原理图以及部分章节的视频教学资源，读者可以免费索取。

本书面向具有一定单片机基础的读者或单片机应用系统 DIY 制作爱好者，也可用作高校实训的参考资料。

图书在版编目(CIP)数据

边练边学 51 单片机：基于 STC15 系列 / 李志远等编著. -- 北京：北京航空航天大学出版社，2016.6
ISBN 978-7-5124-2158-5

Ⅰ. ①边… Ⅱ. ①李… Ⅲ. ①单片微型计算机 Ⅳ. ①TP368.1

中国版本图书馆 CIP 数据核字(2016)第 126791 号

版权所有，侵权必究。

边练边学 51 单片机——基于 STC15 系列

李志远　刘小平　张南宾　编著
冉 涌　杨 勇

责任编辑　董立娟

*

北京航空航天大学出版社出版发行

北京市海淀区学院路 37 号(邮编 100191)　http://www.buaapress.com.cn
发行部电话：(010)82317024　传真：(010)82328026
读者信箱：emsbook@buaacm.com.cn　邮购电话：(010)82316936
北京市同江印刷有限公司印装　各地书店经销

*

开本：710×1 000　1/16　印张：15.5　字数：330 千字
2016 年 6 月第 1 版　2016 年 6 月第 1 次印刷　印数：3 000 册
ISBN 978-7-5124-2158-5　定价：39.00 元

若本书有倒页、脱页、缺页等印装质量问题，请与本社发行部联系调换。联系电话：(010)82317024

前 言

本书面向具有一定单片机基础的读者或单片机应用系统DIY制作爱好者,内容与实际应用密切结合。书中以单片机实践操作项目为载体,让读者从复杂的理论知识、硬件结构中解放出来,在实物制作中学习单片机硬件、软件相关知识,从而提升动手能力、设计能力和编程能力。

本书第1章介绍STC15系列增强型单片机的实用功能,书中的项目设计都围绕这些功能来设计。第2章介绍C语言编程技巧。第3章介绍单片机中断系统及中断系统中数据的存储。第4～11章为实践操作项目,其中,第4～7章为经典应用项目,是传统8051单片机应用项目中的改进,使用STC15系列单片机增强功能对这些项目的硬件电路和程序进行了优化。第8～11章为Chinked-out工作室较为知名的作品,也陆续发布或被转载于DIY设计网站中,"手势遥控车"项目曾获得2014年极客米网站设计竞赛一等奖。本书对这些项目设计做出了改进和优化。

本书配套资料包括所有实践操作项目的完整C程序、原理图以及部分章节的视频教学资源,读者可以向作者免费索取,e-mail:136678431@qq.com。

本书第2、6、7、8、9、10章由李志远、刘小平编写,第3、4章由冉涌编写,第1、5章由张南宾、杨勇编写。李志远、刘小平、冉涌负责统稿。对于成书过程中所有提供过帮助的亲朋好友,这里一并表示感谢。

由于作者水平有限,书中难免有疏漏和不足之处,恳请各位专家和读者不吝赐教。

作 者
2016年5月

目 录

第1章 认识增强型8051系列单片机 ··· 1
  1.1 STC15单片机指令系统 ··· 1
  1.2 内置时钟、复位电路、软件复位 ·· 3
  1.3 可配置I/O ··· 4
  1.4 A/D转换器 ·· 5
  1.5 多组高速UART通信串口 ··· 5
  1.6 多路CCP/PCA/PWM ·· 6
  1.7 大容量片内数据存储器(SRAM) ·· 6
  1.8 丰富的中断请求源 ··· 6
  1.9 EEPROM功能 ··· 7
  1.10 STC15系列单片机学习思路 ··· 7

第2章 C语言编程技巧 ·· 9
  2.1 语句短小不代表高效 ·· 10
    2.1.1 i＝i＋1和i＋＋ ·· 10
    2.1.2 i＋＋和＋＋i ··· 11
  2.2 指 针 ··· 18
    2.2.1 指针与变量 ··· 18
    2.2.2 指针作用 ··· 22
    2.2.3 指针变量结构 ·· 27
    2.2.4 指针意义 ··· 30
  总 结 ··· 32

第3章 单片机中断系统 ·· 33
  3.1 概 念 ··· 33

目 录

- 3.1.1 中断概念 …… 33
- 3.1.2 单片机系统的中断概念 …… 35
- 3.2 8051 单片机中断相关寄存器 …… 35
  - 3.2.1 中断允许寄存器 IE …… 35
  - 3.2.2 中断优先级 …… 37
- 3.3 定时器中断 …… 40
  - 3.3.1 定时器相关寄存器 …… 40
  - 3.3.2 定时器中断模式与初始化 …… 43
- 3.4 外部中断 …… 48
  - 3.4.1 外部中断触发方式 …… 48
  - 3.4.2 外部中断与扫描式按键区别 …… 50
- 3.5 UART 串口中断 …… 55
  - 3.5.1 串口波特率及初始化 …… 55
  - 3.5.2 串口收发示例程序 …… 57
- 3.6 中断过程中的数据存储 …… 60

第 4 章 无驱动多位数码管控制 …… 64

- 4.1 硬件制作 …… 64
- 4.2 硬件原理 …… 69
  - 4.2.1 单片机 I/O 口的电气特性 …… 69
  - 4.2.2 传统三极管驱动的数码管显示电路 …… 69
  - 4.2.3 无驱动点亮数码管原理 …… 72
  - 4.2.4 单片机 I/O 配置 …… 72
- 4.3 程序详解 …… 73
  - 4.3.1 一位数码管的传统控制与动态控制 …… 73
  - 4.3.2 4 位数码管显示 …… 76
  - 4.3.3 完整显示输出程序(数码管显示部分) …… 78
  - 4.3.4 按键功能 …… 82

第 5 章 无驱动 8×8 点阵控制 …… 84

- 5.1 硬件制作 …… 84
- 5.2 硬件原理 …… 88
  - 5.2.1 单组 8×8 点阵工作原理 …… 88
  - 5.2.2 传统两组 8×8 点阵控制方案 …… 92
- 5.3 程序详解 …… 94
  - 5.3.1 两组 8×8 点阵全亮程序 …… 94

    5.3.2　点阵编码原理·· 96
    5.3.3　数据处理与显示缓存·· 100
    5.3.4　完整功能程序·· 100

第6章　迷你时钟·· 104

  6.1　硬件制作·· 104
  6.2　硬件原理·· 109
    6.2.1　LCD1602液晶原理·· 109
    6.2.2　DS1302时钟芯片·· 116
  6.3　程序详解·· 122
    6.3.1　程序结构·· 122
    6.3.2　显示缓存数组Play_buf功能································ 123
    6.3.3　LCD1602显示程序·· 124
    6.3.4　按键程序·· 124
    6.3.5　定时器0中断函数·· 125
    6.3.6　闹钟部分·· 127

第7章　智能温控系统·· 128

  7.1　硬件制作·· 128
  7.2　硬件原理·· 132
    7.2.1　继电器·· 132
    7.2.2　温度传感器DS18B20·· 133
    7.2.3　单片机EEPROM·· 137
  7.3　程序详解·· 142
    7.3.1　温度读取·· 142
    7.3.2　温度数据处理·· 143
    7.3.3　按键功能·· 144
    7.3.4　数据处理·· 144
    7.3.5　显示函数·· 145
    7.3.6　EEPROM程序·· 145
    7.3.7　制冷功率控制(继电器控制)································ 147

第8章　手势遥控车·· 148

  8.1　硬件制作·· 148
  8.2　硬件原理·· 157
    8.2.1　L239D电机驱动芯片·· 157

目 录

  8.2.2 ADXL345 加速度模块 ································· 159
  8.2.3 蓝牙 UART 串口模块 ································· 161
  8.2.4 锂电池与降压模块 ································· 162
 8.3 程序详解 ································· 162
  8.3.1 ADXL345 模块 3 轴数据读取 ································· 162
  8.3.2 3 轴数据处理 ································· 163
  8.3.3 串口初始化和串口发送程序 ································· 163
  8.3.4 3 轴数据分析 ································· 165
  8.3.5 控制指令 ································· 167
  8.3.6 小车制动命令接收程序 ································· 169
  8.3.7 小车控制程序 ································· 169

第 9 章 极 光 ································· 171

 9.1 硬件制作 ································· 171
  9.1.1 元件材料 ································· 171
  9.1.2 原理图及 PCB ································· 172
 9.2 硬件原理 ································· 176
  9.2.1 灯珠控制电路原理 ································· 176
  9.2.2 颜色变化原理（PWM 控制方案） ································· 177
  9.2.3 PWM 相关寄存器 ································· 177
  9.2.4 PWM 初始化设置 ································· 181
 9.3 程序详解 ································· 181
  9.3.1 灯珠控制程序 ································· 181
  9.3.2 颜色变化方案 ································· 183
  9.3.3 呼吸灯模式显示原理 ································· 186
  9.3.4 波浪式动画显示原理 ································· 188
  9.3.5 模式切换 ································· 190

第 10 章 12864 液晶屏频谱显示 ································· 192

 10.1 硬件制作 ································· 192
 10.2 硬件原理 ································· 196
  10.2.1 A/D 转换器 ································· 196
  10.2.2 与 A/D 转换相关的寄存器 ································· 196
  10.2.3 A/D 转换电路 ································· 199
  10.2.4 A/D 测试程序 ································· 199
  10.2.5 12864 液晶屏简介 ································· 202

  10.2.6 12864 液晶屏时序及指令 …………………………………… 203
  10.2.7 12864 液晶屏显示原理 …………………………………… 206
  10.2.8 频谱显示原理 ………………………………………………… 208
 10.3 程序详解 …………………………………………………………… 209

第 11 章 8×8×8 光立方 …………………………………………… 211

 11.1 硬件制作 …………………………………………………………… 211
 11.2 硬件原理 …………………………………………………………… 220
  11.2.1 光立方灯珠控制原理 ………………………………………… 220
  11.2.2 UART 串口 …………………………………………………… 223
 11.3 程序详解 …………………………………………………………… 226
  11.3.1 内置动画显示模式 …………………………………………… 226
  11.3.2 联机显示模式 ………………………………………………… 230
  11.3.3 模式切换 ……………………………………………………… 232
 11.4 光立方动画设计 …………………………………………………… 233

参考文献 …………………………………………………………………… 236

第 1 章

认识增强型 8051 系列单片机

在工业控制、终端设备、教育教学、单片机 DIY 等领域,8051 单片机以其低廉的价格、较高的开发效率仍占据着重要地位。但随着各行各业的不断发展,传统型 8051 单片机在功能上难以满足设计需求。为弥补传统型单片机的不足,单片机设计公司推出各类增强型 8051 单片机。本书以宏晶科技有限公司生产的 STC15 系列增强型单片机为主控芯片,通过单片机项目制作介绍学习增强型单片机的主要功能。

STC15 系列单片机(包含 STC15F2K 系列和 STC15W4K 等系列)是 STC 公司的新一代 8051 单片机,与传统单片机相比,具有高速、低功耗、高可靠性等优点,自身集成了时钟电路、A/D 转换、PWM、多路串口通信等实用功能。下面将逐步解析 STC15 系列的主要新增功能。

1.1 STC15 单片机指令系统

STC15 系列单片机指令代码与传统 8051 单片机完全兼容,但其指令执行速度大幅度提升,最快指令提速 24 倍,最慢指令提速 4 倍,平均速度快 8~12 倍。以算数操作指令为例,在相同时钟频率下,传统 8051 单片机与 STC15 系列单片机指令所需时钟周期对比如表 1-1 所列。

表 1-1 传统单片机与增强型单片机指令执行所需时钟周期对照(算数操作类指令)

助记符	传统 8051 单片机	STC15 系列单片机	效率提升/倍
ADD A,Rn	12	1	12
ADD A,direct	12	2	6
ADD A,@Ri	12	2	6
ADD A,#data	12	2	6
ADDC A,Rn	12	1	12
ADDC A,direct	12	2	6
ADDC A,@Ri	12	2	6
ADDC A,#data	12	2	6

第1章 认识增强型8051系列单片机

续表 1-1

助记符	传统 8051 单片机	STC15 系列单片机	效率提升/倍
SUBB A，Rn	12	1	6
SUBB A，direct	12	2	6
SUBB A，@Ri	12	2	6
SUBB A，#data	12	2	6
INC A	12	1	12
INC Rn	12	2	6
INC direct	12	3	4
INC @Ri	12	3	4
DEC A	12	1	12
DEC Rn	12	2	6
DEC direct	12	3	4
DEC @Ri	12	3	4
INC DPTR	24	1	24
MUL AB	48	2	24
DIV AB	48	6	8
DA A	12	3	4

由于指令的提速，增强型单片机替代传统 8051 单片机时，不管使用汇编或 C 语言，延时程序上都会与传统 8051 开发不兼容，如下面的延时函数：

```
void delay()
{
    unsigned char i,j;
    for(i = 0;i<255;i++)
        for(j = 0;j<255;j++);
}
```

传统 8051 单片机系统时钟频率为 12 MHz 时，此函数延时时间大约为 200 ms。若此程序在 STC15 系列单片机中执行，则延时时间约为 30 ms。相同的延时程序在不同内核单片机下执行的时间有着较大差异，涉及延时函数时必须调整延时函数参数。经测试，一般情况下，STC15 系列单片机在执行传统 8051 单片机下编写的延时函数时，延时时间会缩短为原来的 1/6～1/8。此倍数关系可作为经验值，根据倍数关系可较为方便地调整移植到增强型单片机后的延时函数。

为便于用户由传统 8051 单片机向增强型单片机移植程序，STC15 系列单片机上电后,定时器部分默认工作在系统时钟的 1/12,因此在定时器部分仍兼容原始程序。同时,增强型单片机的定时器也可工作在不分频状态,以便开发其他功能。

1.2 内置时钟、复位电路、软件复位

传统的 8051 单片机需要外部晶振电路和复位电路,称为最小系统电路。STC15 系列单片机免去了外部复位电路和外部振荡电路,上电可自行复位,内部集成晶振电路,可设置振荡频率大小。传统 8051 单片机最小系统电路与增强型单片机最小系统电路原理图如图 1-1 及图 1-2 所示。

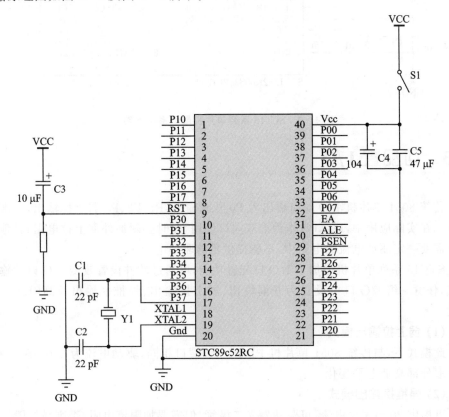

图 1-1 传统 8051 单片机最小系统电路

对比两种最小系统电路可知,增强型单片机在最小系统电路上大为简化。传统 8051 单片机最小系统电路中,不管是上电自动复位或是按键复位,原理是一样的;以 DIP40 封装为例,9 脚接收到持续一定时间的脉冲信号,此复位方式称为硬件复位。增强型单片机中保留了传统的硬件复位功能,复位脚改为 17 脚(P5.4)。同时,也加入了软件复位功能。用户通过程序也可以使单片机进行复位。

第 1 章 认识增强型 8051 系列单片机

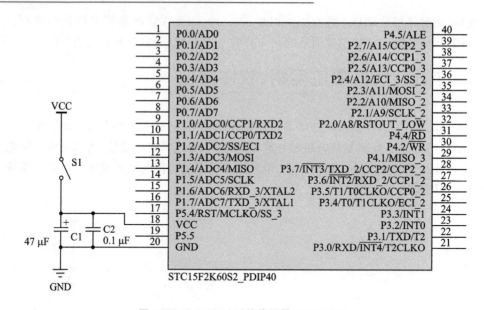

图 1-2 SCT15 系列单片机最小系统电路

1.3 可配置 I/O

传统 8051 单片机 I/O 端口输出为 P0 开漏输出，P1、P2、P3 弱上拉输出，即准双向口。在实际应用中，P0 口常作为准双向口使用，此时必须加外部上拉电阻；其他端口在需要一定驱动电流的电路中，不能提供足够驱动电流。

STC15 系列单片机增加了 I/O 口配置功能，可通过软件设置改变 I/O 口的输出方式，任意一组 I/O 口可设置为开漏输出、弱上拉输出、强推挽输出及高阻态 4 种模式。

(1) 弱上拉输出模式

此模式下，与传统 8051 单片机 P1、P2、P3 端口相同，驱动电流为 200 μA 左右，可读取外部高低电平变化。

(2) 强推挽输出模式

可提供 20 mA 拉电流，可驱动发光二极管，但需要加限流电阻，否则易烧毁元器件。控制数码管等发光电路时，将端口设置为强推挽输出可以直接驱动发光元件，免去了驱动芯片或驱动电路。

(3) 高阻态模式

可以读取外部信号变化，常用于模拟信号检测，但不能对外输出高低电平。

(4) 开漏输出模式

可读取外部高低电平，但无法对外输出高电平，与传统 8051 的 P0 口功能一致。

开漏、弱上拉、推挽输出模式都支持 20 mA 灌电流输入，因此大大提高了单片机

I/O 的驱动能力,在电路设计中可免去部分外围驱动电路和元件,节约设计成本。

1.4 A/D 转换器

在单片机应用中,A/D 转换占有很大比例,如电压测量、温湿度检测、气体检测等。这些模拟量的测量及应用涉及生产生活各个领域,如工业控制、农业灌溉养殖、智能家居、报警求生系统、有害气体检测等。传统 8051 单片机须借助外部 A/D 转换芯片进行数模转换,如 AD0809 芯片。STC15 系列单片机内置 8 路 10 位 A/D 转换通道,P1 口可通过软件切换为 A/D 输入通道,最大转换速度可达 30 万次/秒);并且模拟信号输入电路较为简单,无需复杂的外围电路,如图 1-3 所示。

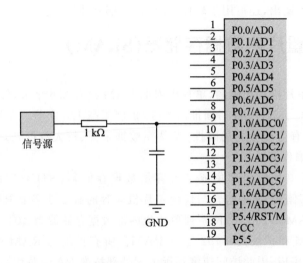

图 1-3 STC15 系列单片机的通信 A/D 输入方式

1.5 多组高速 UART 通信串口

传统 8051 单片机只有一组 UART,通信端口只能是 P3.0(RXD) 和 P3.1(TXD),且受定时器限制,无法工作在较大比特率下。

STC15 系列单片机有 2~4 组 UART 通信串口(部分型号有 2 组的,部分型号有 4 组),可通过软件实现端口切换。以常用的串口 P3.0 和 P3.1 为例,STC15 系列单片机可由软件切换到 P3.6 和 P3.7 端口,避免程序运行时和其他模块产生端口冲突,极大地方便用户多机通信和端口复用。由于增强型单片机系统时钟为 1T 时钟,是传统 8051 单片机时钟的 12 倍,因此,定时器工作在 1T 模式下时,可设置更高速的波特率,最大支持 115 200 bps 波特率。

1.6 多路 CCP/PCA/PWM

PWM 在电机控制、数模转换(DAC)、测量和通信领域有着广泛的应用。传统 8051 单片机只能通过内部定时器模拟 PWM 输出或其他 DAC 电路模块实现,且精度较低、容易产生计算误差。STC15 系列内置的 3 路(CCP/PWM/PCA)模块(部分单片机大于 3 路)由硬件实现,不需要定时器和计算便可实现 PWM 输出,并可根据实际需要将 PWM 输出切换到其他 I/O 口。用户只须通过软件对寄存器赋值,便可改变脉宽占空比,从而实现电机转速调节、DAC 输出等功能。

STC15 系列单片机的 PWM 输出功能依靠可编程计数器阵列(CCP/PCA)实现,除用于 PWM 输出,还可用于软件定时器、外部脉冲捕获。

1.7 大容量片内数据存储器(SRAM)

由于 8051 单片机构架限制,单片机内部 RAM 只有 256 字节,传统 8051 单片机 RAM 只有低 128 字节,Intel 后面推出 8052 扩展了高 128 字节。在程序设计中,256 字节 RAM 仍然有着较大的局限性,尤其在数据采集、较大数据处理中,256 字节的 RAM 难以满足编程需要。

STC15 系列单片机内部集成了大容量数据存储器,STC15W4K 系列内部有 4096 字节数据存储器,其中包含与传统单片机兼容的有 256 字节 RAM 及内部扩展的 3840 字节 RAM;STC15F2K 系列单片机内部数据存储器为 2048 字节,包含常规的 256 字节 RAM 和扩展的 1792 字节 RAM。所有扩展的 RAM 可通过 xdata 访问。由于是片内集成,因此访问速度远远大于外部拓展 RAM 芯片。

1.8 丰富的中断请求源

传统 8051 单片机只有 5 个中断源,即外部中断 0、定时器 0、外部中断 1、定时器 1、串口中断,8052 开始增加了定时器 2。传统 8051 单片机中断请求源如表 1-2 所列。

表 1-2 传统单片机中断请求源

中断名称	中断向量地址	中断查询次序/中断查询号
外部中断 0	0003H	0
定时器 0	000BH	1
外部中断 1	0013H	2
定时器 1	001BH	3
串口中断	0023H	4
定时器 2	002BH	5

STC15 系列增强型单片机中,最多可有 21 个中断请求源,本书选用的 STC15F2K 系列有 14 个中断请求源,如表 1-3 所列。

表 1-3 STC15F2K 系列单片机中断请求源

中断名称	中断向量地址	中断查询次序/中断查询号
外部中断 0	0003H	0
定时器 0	000BH	1
外部中断 1	0013H	2
定时器 1	001BH	3
串口 1 中断	0023H	4
A/D 转换中断	002BH	5
低压检测中断(LVD)	0033H	6
CCP/PWM/PCA 中断	003BH	7
串口 2 中断	0043H	8
SPI 中断	004BH	9
外部中断 2	0053H	10
外部中断 3	005BH	11
定时器 2 中断	0063H	12
外部中断 4	0083H	13

1.9 EEPROM 功能

单片机进行数据处理的过程常常需要保存一些重要数据,以保证数据在系统断电后不消失。传统 8051 单片机须借助外部 EEPROM 芯片(如 AT24C02)进行数据存储,连接到外部 EEPROM 芯片时通常需要 I^2C 或 SPI 通信协议,数据读取速度较慢且程序较为复杂。

STC15 系列单片机中内置快速可读/写的 EEPROM,与程序空间分开;利用 ISP/IAP 技术将内部程序存储器当作 EEPROM 使用,擦写次数在 10 万次以上。用户只需简单的编程指令即可实现重要数据的存储、读/写或数据擦除。

1.10 STC15 系列单片机学习思路

在传统的单片机书籍中,多以理论结合仿真的形式进行学习。而 STC15 系列单片机的增强功能无法通过仿真软件实现,为更好地学习这些增强功能,本书通过项目实践操作的方式介绍单片机功能。每个实践操作项目分为硬件制作、硬件讲解和程

第1章 认识增强型8051系列单片机

序讲解3个板块。

1. 硬件制作

本书第4~7章均为经典制作,如时钟显示、温度显示等,第8~11章为近年网络流行作品,如遥控车、光立方等。通过DIY实物制作学习硬件电路构成、电路布局及电路调试,随着制作难度逐渐加大,逐步提升学习者水平。

不同章节的硬件中涉及单片机的不同功能,读者可以逐渐学习和掌握单片机典型功能在实际应用中的使用方法,如单片机I/O口驱动数码管、DS1302时钟芯片、DS18B20温度传感器、A/D转换、I/O口拓展等。

2. 硬件讲解

本书部分章节利用STC15系列单片机特有功能对传统电路做出优化改进,如传统动态数码管控制需要外部驱动电路;本书的数码管动态控制抛弃了外部电路驱动方案,改为单片机I/O直接驱动,电路简化的同时节省实践操作成本和制作周期。又如,在第11章光立方设计中,不同于互联网中流行的8个74HC573(或74HC595)和ULN2803控制方案,仅需要4个74HC154和一片单片机便可实现8×8×8光立方的控制,极大地节约了电路制作成本和电路,同时也降低了电路整体功耗。本书所有章节的硬件讲解部分会对电路的设计原理、设计构思和演变过程做出详细介绍,从而让读者充分理解硬件的原理部分。

3. 程序讲解

尽管STC15系列单片机是增强型单片机,提升了处理速度,增加了使用功能,但作为MS-51构架的单片机,其功能始终有着局限性,这就要求程序设计时不能像在其他开发环境一样更加自由,单片机有限的RAM空间和相对其他处理器较弱的指令速度要求程序设计时须更注重程序的易读性和高效性。

本书中的程序代码根据功能分为不同函数模块,函数与函数之间的数据交换通过数组或变量进行传递,尽量避免使用指针等难以理解的程序设计方案。本书程序讲解过程中,将对每个函数模块单独进行功能说明,通过介绍函数与函数之间参数的关联性来理解整体函数的功能。

第 2 章

C 语言编程技巧

在 Keil-C 编译环境下,若遇到程序运行结果不准确、程序跑飞等情况,程序设计者首先会通过程序本身查找原因。然而单纯地通过 C 语言本身往往难以发现程序设计问题,尤其在带有指针的 C 程序中。尽管增强型单片机在功能和指令执行速度上有较大增强,但 MCS51 单片机构架决定了其功能的局限性。因此,合理的程序设计,使单片机尽可能用最少的资源,从而高效、准确地实现功能,是单片机项目工程中最为关键的一环。

如下面的程序:

```
void main(void)
{
    unsigned char i = 0, j = 0;
    i ++ ;
    j = j + 1;
}
```

执行后,i 和 j 的值都等于 1。在得到相同结果的情况下,哪个语句执行效率更高?

又如下面的程序中:

```
unsigned char tab[8] = {0x01,0x02,0x03,0x04,0x05,0x06,0x07,0x08};
unsigned char N1,N2;
unsigned char    * p;
void main()
{
    p = tab;
    N1 = * p;
    N2 = tab[0];
}
```

执行后,变量 N1 和 N2 的值都等于 0x01。不同在于,N1 变量赋值时使用到了指针,同样在得到相同结果的情况下,使用指针是否就高效呢?

为更好地掌握单片机 C 语言编程技巧,本章通过 Keil 的反汇编功能,在编译后的汇编语言下解析 C 语言编程下的语句执行效率和指针意义。通过这种方式了解 C 语言的工作方式,进而掌握 C 语言编程技巧。

第2章 C语言编程技巧

2.1 语句短小不代表高效

程序设计中,简短的程序有助于提高阅读效率和执行效率,但这并不意味着书写上简短的程序就一定可以带来高效性和高阅读性。i=i+1、i++和++i是C语言编程中出现率极高的语句,部分教学中总是过分强调i=i+1、i++和++i的区别和不同,却忽略了它们在不同编译环境下的实际意义。本节通过这3个语句来分析简短的程序是否可以带来程序的高效性。

2.1.1 i=i+1和i++

部分使用者认为i++的执行效率比i=i+1高,原因可能是单纯地认为i=i+1在写法上比i++复杂;或认为i=i+1中有两个元素,而i++中只有一个元素,因此程序在执行时,后者效率大于前者。那么真实的情况到到底是怎样呢?下面通过Keil的Debug Session功能进行解释。含有i=i+1和i++语句编译结果如图2-1和图2-2所示。

图2-1 语句i=i+1程序编译后结果

第 2 章　C 语言编程技巧

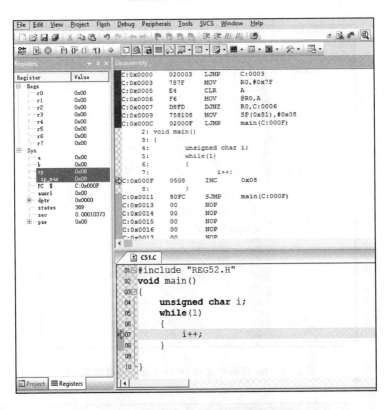

图 2-2　语句 i＋＋程序编译后结果

由编译结果可知,不管是 i=i+1 还是 i++,都被编译为 INC 08H,它们的执行效率完全相同。因此在 Keil 环境下,i++执行效率比 i=i+1 高的说法不成立。i++在输入效率上是占有优势的,但输入效率不代表程序执行效率,造成这种结果是由编译器决定的,编译器规定了这两种写法都会被编译为同一汇编语句。

通常情况下,编程者在需要自增或自减操作时,程序员习惯性地写为 i++或 i--,但在需要调试的程序代码中,如在 for 循环中,写为 i=i+1 或 i=i-1 更为实用,实例程序编译结果如图 2-3 和图 2-4 所示。

由编译可知,在 for 循环中不管是 i=i+1 或是 i++,都被编译为 INC R7。当 i 的增量或减量为 1 时,不管是何种写法,执行效率都是一样的;但在某些需要调试的程序中,i 的增量或减量要求不为 1,可能是 2、3、4 或其他数,这时 i=i+1 的写法更方便改写程序和调试程序。因此,在输入效率上,两者的优劣也并不绝对。

2.1.2　i＋＋和＋＋i

部分程序设计者总是过分区分 i++和++i 的不同,并将这些不同看作一种编程"技巧",使用这些"技巧"设计出更"精简"、"高效"的程序代码。然而实际情况并不是 i++和++i 有什么不同,而是在于编译器的编译过程。在单独使用 i++和++i

第2章 C语言编程技巧

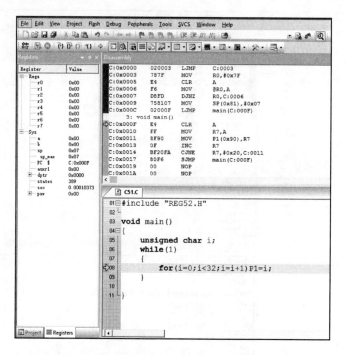

图 2-3　for 循环中含有 i＝i＋1 语句编译结果

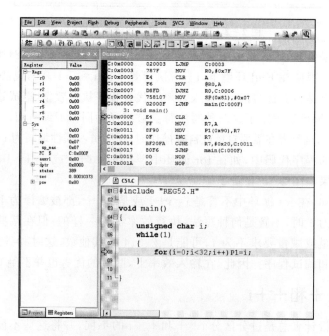

图 2-4　for 循环中含有 i＝i＋＋语句编译结果

时,它们的编译结果相同,如图 2-5 所示。

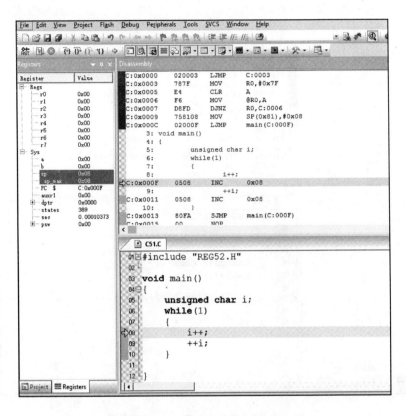

图 2-5 i++和++i 编译结果

由编译结果可知,在单独使用 i++和++i 时,都被编译为 INC 指令;即便在 for 循环中,两种编程方法编译后的结果依然是 INC 指令,如图 2-6 所示。

对比图 2-4 和图 2-6 可知,在 for 循环中,不管是使用 i++或是++i,编译后的结果完全相同。因此,单独使用两个语句是没有区别的。i++和++i 所谓的区别在于用法,如下面的两个程序:

程序①:

```
void main()
{
    unsigned char i,j;
    while(1)
    {
        if(i++ == 3)
        j = 5;
    }
}
```

第 2 章　C 语言编程技巧

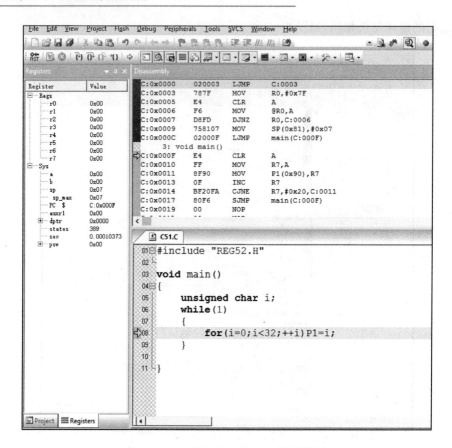

图 2-6　for 循环中使用 ++i 编译结果

程序②：

```
#include "REG52.H"
void main()
{
    unsigned char i,j;
    while(1)
    {
        if( ++i == 3)
            j = 5;
    }
}
```

程序①执行的结果是:当 i=4 时,j 被赋值为 5。程序②执行结果是:当 i=3 时,j 被赋值为 5。这是真实的程序运行结果,那么为什么程序①中,i=4 时才会执行 j=5 呢？流行的解释是,if(i++==3)中,先使用 i 的值判断,再执行自增;if(++i==3) 中,先执行自增,再判断。所以两个程序运行的结果不相同。但这种解释只是描述了程序运行结果,也就是说,假设一个程序员开始不知道两个程序的差异,当发现程序运行结果与预期不一致时,通过单步调试一样可以得出这种"结论",却并不能说明为何产生这种结果。通过编译,可以很容易发现产生这种差别的根源,程序①编译后的结果如图2-7所示。

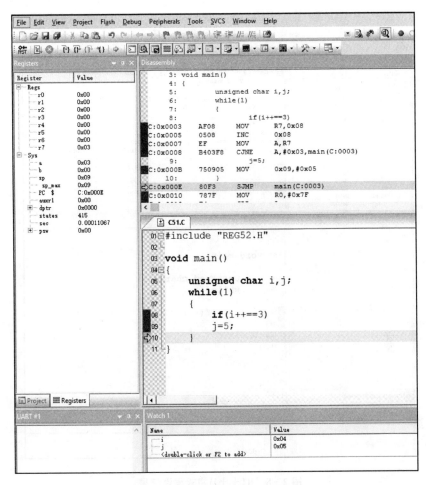

图2-7 if(i++)格式编译结果

由编译可知,变量i映射的RAM地址为08H,if(i++==3)被编译为:

MOV R7,0x08
INC　0x08
MOV A,R7
CJNE A,#0x03,main

这段程序功能为先将08H(变量i)内的数据赋值给寄存器R7,执行INC自增指令,使08H内数值加1;再将R7内的数值(即在执行INC指令前08H内的数据)赋值给寄存器A,最后判断A的值是否为3,不等于则继续执行上述程序,等于则向下执行程序(j赋值为5)。可以看出,在汇编代码下"是先自增,后判断",不过这里需要

第 2 章 C 语言编程技巧

强调的是,在自增之前先将变量 i 的值保存再执行自增指令。可以简化总结为:先保存变量数值,执行变量自增,再用自增之前的数据进行判断。

当写为 if(++i==3) 格式时,编译结果如图 2-8 所示。

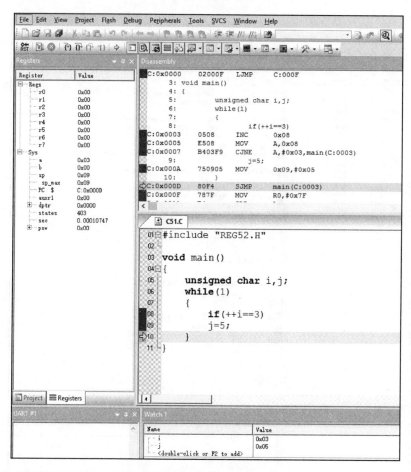

图 2-8 if(++i)格式编译结果

由编译结果可以看出,if(++i==3)书写格式下汇编语句功能为,先将变量自增,再判断是否等于 3。两次编译结果的确印证了前文中两个程序差异的解释,但并不代表这种差异是一种"技巧",这取决于人的思维方式。通常学习编程时,会先接触单独的 i++ 或 ++i 语句,并且知道,它们的执行结果相同。同时在 for 循环中,使用两个语句的结果也完全一样,那么很自然地会产生一种惯性思维:这两个语句都是一样的。当遇到类似 if(i++==3) 和 if(++i==3) 语句时,自然会认为执行结果也应当一样,然而事实却不一样,就开始刻意区分 i++ 和 ++i。

尽管在 Keil 的编译环境下,与 if(i++==3) 和 if(++i==3) 类似的语句确实得到了不同结果,这是最开始的语言设计问题,C 语言中的确设计出了 i++ 和 ++i

语句,但 if(i++==3) 和 if(++i==3) 这种语句写法却是程序员自己设计的,这无异于给自己增加了程序理解难度。若将程序①和程序②改为下面的程序:

程序③:

```c
void main()
{
    unsigned char i,j;
    while(1)
    {
        i++;//或++i;或i=i+1;
        if(i==3)
            j=5;
    }
}
```

此时,不管是使用 i++ 或 ++i,程序的运行结果是完全一样的。程序③在书写上确实不如程序①和程序②简洁,但在执行效率上,却并没有变低。程序③编译结果如图 2-9 所示。

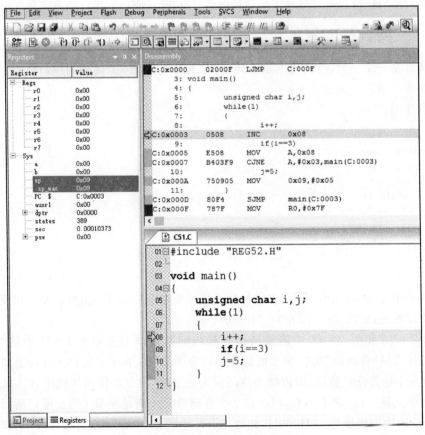

图 2-9　优化后的程序代码及编译结果

第 2 章　C 语言编程技巧

由前文可知，i=i+1、i++ 和 ++i 在单独使用时，结果完全一样，因为此处不管写为 i=i+1、i++ 和 ++i 中的哪种，都将编译为图 2-9 中的汇编程序，都可实现"当变量 i 等于 3 时，j 赋值为 5"的功能。

对比程序②和程序③，程序③看似多写了一行，但效率不变，且阅读 C 代码时，更易于理解程序功能；而程序②中尽管只有两行，但并不比程序③高效，并且在阅读时还要去思考 ++i 在此处的意义。看似简短的语句并不意味着执行的高效率，有时候简短的语句甚至比复杂的语句更低效。程序设计追求的是执行的高效性和便于阅读性，而不是片面地追求程序简短。

2.2　指　针

通常认为，C 语言之所以强大，很大部分体现在其灵活的指针运用上，甚至认为指针是 C 语言的灵魂。但随着编程语言的发展，更多的编程语言"放弃"了指针，因为虽然指针有很多优点，但学习难度较大。在单片机领域，指针同样有着应用（且出现频率较高），本节针对 Keil C 环境下的指针做简要分析，从而理解指针的意义及优缺点。

2.2.1　指针与变量

指针是一个变量，与其他变量一样，都是 RAM 中的一个区域，且都可以被赋值，如程序④所示。

程序④：

```
unsigned int j;
unsigned char * p;
void main()
{
    while(1)
    {
        j = 0xabcd;
        p = 0xaa;
    }
}
```

在 Debug Session 模式下，将鼠标指针移到变量"j"、"p"位置，可以显示出变量映射的物理地址，如图 2-10、图 2-11 所示。

图 2-10 和图 2-11 中箭头所指方框内的数据即为变量在 RAM 中的"首地址"，为什么是"首地址"呢？变量根据类型可分为 8 位（单字节）、16 位（双字节），程序中变量 j 是无符号整型，所占物理空间应为 2 字节，而在 8 位单片机中，RAM 的一个存储单元是 8 位，即 1 字节，因此需 2 个存储单元才满足变量 j 的长度。所以实际上变量 j 的物理地址为 08H、09H，此处显示首地址为 0x08；同理，p(D:0x0A) 即变量 p 的首地址为 0AH。

第 2 章 C 语言编程技巧

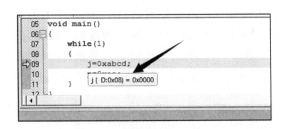

图 2-10 变量 j 映射 RAM 地址

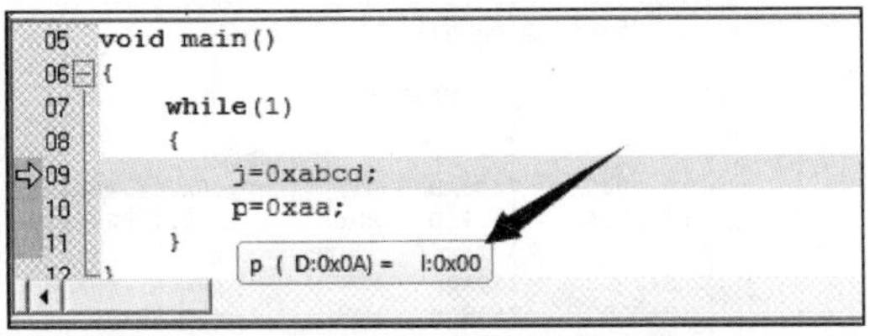

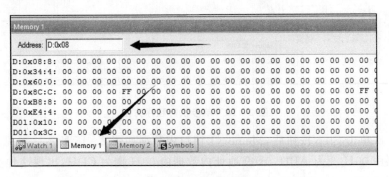

图 2-11 p 映射 RAM 地址

下面通过单步执行观察 RAM 内的数据变化，打开两个 Memory Windows 窗口，在 Keil 软件下方显示 Memory1 和 Memory2 界面，在两个界面中分别做如图 2-12、图 2-13 所示的设置。

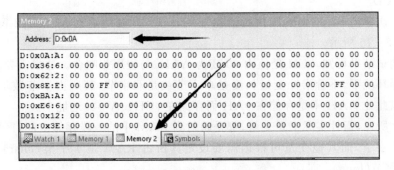

图 2-12 监视变量 j 物理地址数据参数设置

图 2-13 监视变量 p 物理地址数据参数设置

第 2 章　C 语言编程技巧

两个 Address 文本框输入的内容分别是"D:0x08"、"D:0x0A",即变量 j 和变量 p 的首地址,然后回车便可监视该 RAM 地址下的数据。设置好后准备调试。

在 Debug Session 模式中,箭头所指处即为即将执行的语句,单击 Step 功能按钮(或按 F11 键),使程序执行黄色箭头所指的语句,如图 2-14 所示。

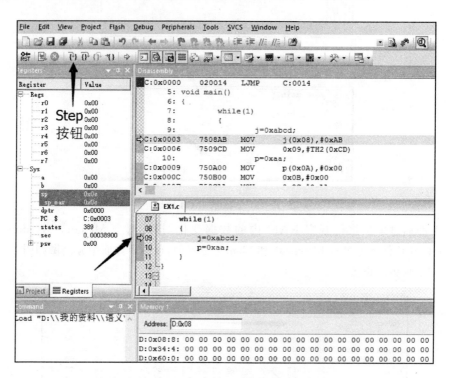

图 2-14　单步执行程序方法

第一次单击 Step 按钮后,Memory1 窗口内数据如图 2-15 所示。可见,0x08 地址内数据由 00H 变为 ABH,0x09 地址内数据由 00H 变为 CDH,出现这种变化是因为执行了语句"j=0xabcd;",0x08 为变量 j 高 8 位内,存储 AB,0x09 为变量 j 低 8 位,存储 CD。

第二次单击 Step 按钮,则执行语句"p=0xaa",此时须观察 Memory2 窗口内数据,如图 2-16 所示。

由调试结果可知,0CH 处值由 00 变为 AAH,与程序相吻合。这里需要注意,在 Keil 编译环境下,不管指针变量长度是单字节或是双字节,其所占字节数均为 3 字节。所以此处 AAH 不是存储在 0AH 而存储在 0CH(0A+2)地址中。

综上所述,指针实际上是变量,都是映射到 RAM 中的一段存储空间,区别是,指针占用 3 字节,而其他变量可根据需要设定其所占 RAM 是 1 字节(char)、2 字节(int)、4 字节(long)。

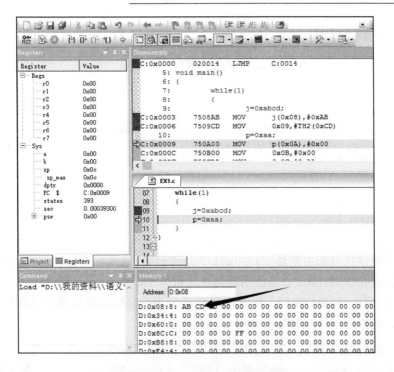

图 2-15　执行 j=0xabcd 后的结果

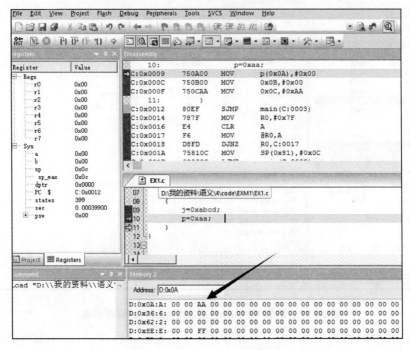

图 2-16　执行 p=0xaa 后的结果

2.2.2 指针作用

指针的作用是什么呢？先来看下面的程序：

程序⑤：

```
#include "REG52.H"
unsigned char tab1[8] = {0x01,0x02,0x03,0x04,0x05,0x06,0x07,0x08};
unsigned char code tab2[8] = {0x10,0x20,0x30,0x40,0x50,0x60,0x70,0x80};
unsigned char N1,N2;
void main()
{
    N1 = tab1[0];
    N2 = tab2[0];
}
```

显然，程序执行的结果是 N1=0x01，N2=0x10。这里都是将数组内的数据赋值给变量，但存在区别：tab1 数组使用的是单片机 RAM 空间，而 tab2 数组使用的是单片机程序存储区(ROM)空间。尽管使用 C 语言为变量赋值时语句相同，但编译结果并不相同，此程序编译后的结果如图 2-17 所示。

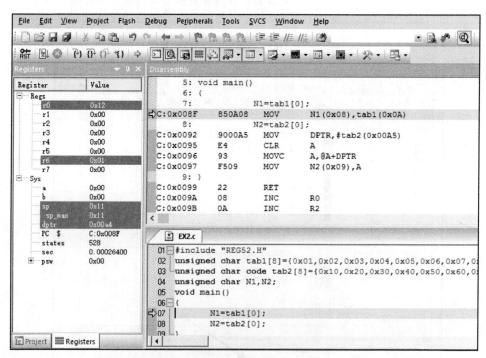

图 2-17 语句 N1=tab1[0]、N2=tab2[0]编译结果

由编译结果可知，N1=tab1[0]语句实际上是直接寻址，而 N2=tab2[0]是寄存器变址寻址。不管是何种寻址方式，都是将一个物理地址内的数据取出来使用。

tab1 数组中，tab[0]对应的 RAM 地址是 0x0A，tab[1]对应的 RAM 地址是 0x0B，其他依此类推；tab2 数组中，tab[0]对应的 ROM 地址是 0x00A5，tab[1]对应的 ROM 地址是 0x00A6，其他依此类推。不管这些数组或变量所在的 RAM 或 ROM 地址如何，用户最终需要的是数组或变量的数据，而通过指针同样可以访问数组或变量数据。现将程序⑤做出调整，得到程序⑥如下：

程序⑥：

```
#include "REG52.H"
unsigned char tab1[8]={0x01,0x02,0x03,0x04,0x05,0x06,0x07,0x08};
unsigned char code tab2[8]={0x10,0x20,0x30,0x40,0x50,0x60,0x70,0x80};
unsigned char N1,N2;
unsigned char    *p;
void main()
{
    unsigned char i;
    p=tab1;
    for(i=0;i<8;i++,p++)
    N1=*p;
    p=tab2;
    for(i=0;i<8;i++,p++)
    N2=*p;
}
```

程序功能：tab1 数组内的 8 个数值依次被赋值给 N1，tab2 数组内的 8 个数值依次被赋值给 N2。

程序⑥执行 Debug Session 功能后，打开 Watch Windows 窗口，在 Watch1 界面下添加需要监视的变量，此处为 p 和 N1，如图 2-18 所示。

Value 为当前变量数值，程序运行前 p 值为 0x00，单击 Step 按键功能后，执行语句"p=tab1"，p 值变为 0x0A，如图 2-19 所示。

0x0A 是什么值呢？将鼠标移至 tab1 数组位置，可显示出数组所在的物理地址，此处 0x0A 为 tab1 数组的首地址，如图 2-20 所示。

"p=tab1"就是将 tab1 数组的首地址赋值给变量 p，执行 p++即地址值加 1；*p 则是此物理地址内的具体数据，因此 for 循环中，"N1=*p"是将 tab1 数组中的数据赋值给变量 N1。由此可见，指针是作为一个变量，指向某一个地址。

那么指针到底是如何将某个地址内的数据"拿"出来的？下面通过"N1=*p"语句做演示说明。"N1=*p"编译后的汇编代码如图 2-21 所示。

C:0x00A0~C:0x00A9 的汇编代码是 C 程序中的"N1=*p"。程序先将变量 p 的值赋值给 R3、R2、R1 这 3 个通用寄存器，程序为：

```
MOV    R3,p(0x12)
MOV    R2,0x13
MOV    R1,0x14
```

第 2 章　C 语言编程技巧

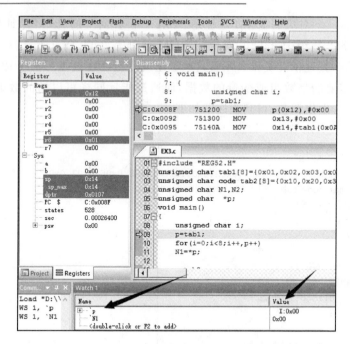

图 2-18　监视参数设置

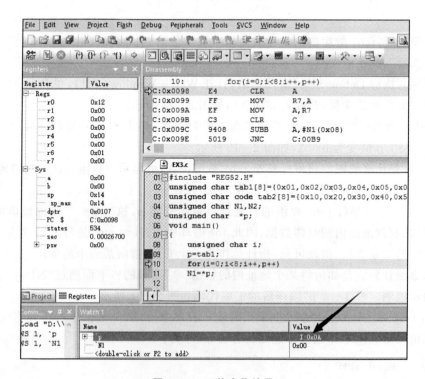

图 2-19　p 值变化结果

第 2 章　C 语言编程技巧

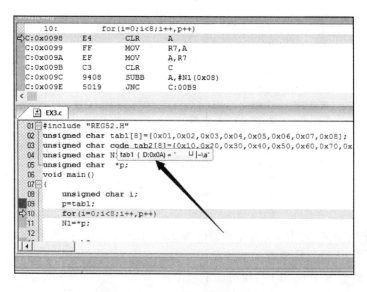

图 2-20　tab1 数组首地址参数

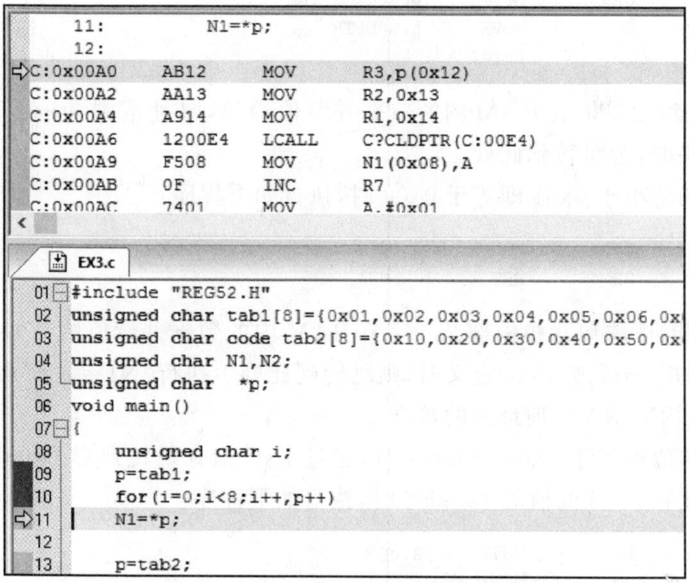

图 2-21　语句 p=tab2 编译结果

然后调用了一个子函数：LCALL　C? CLDPTR(C:00E4)，而本程序中未定义或使用任何子函数，那么这个子函数是哪里来的？作用是什么？根据标号 C:00E4 可找到该子函数，程序代码如下：

```
C:0x00E4    BB0106    CJNE    R3,#0x01,C:00ED
C:0x00E7    0982      MOV     DPL(0x82),R1
```

第 2 章　C 语言编程技巧

C:0x00E9	8A83	MOV	DPH(0x83),R2
C:0x00EB	E0	MOVX	A,@DPTR
C:0x00EC	22	RET	
C:0x00ED	5002	JNC	C:00F1
C:0x00EF	E7	MOV	A,@R1
C:0x00F0	22	RET	
C:0x00F1	BBFE02	CJNE	R3,#0xFE,C:00F6
C:0x00F4	E3	MOVX	A,@R1
C:0x00F5	22	RET	
C:0x00F6	8982	MOV	DPL(0x82),R1
C:0x00F8	8A83	MOV	DPH(0x83),R2
C:0x00FA	E4	CLR	A
C:0x00FB	93	MOVC	A,@A+DPTR
C:0x00FC	22	RET	

此程序功能是：先用 R3 寄存器的值与 0x01 比较，当 R3 的值大于 0x01 时，再和 0xFE 做比较，比较的结果有如下情况：

① R3 的值等于 0x01 时，执行如下程序：

C:0x00E7	8982	MOV	DPL(0x82),R1
C:0x00E9	8A83	MOV	DPH(0x83),R2
C:0x00EB	E0	MOVX	A,@DPTR
C:0x00EC	22	RET	

程序功能：读取扩展 RAM 内的数据并赋值给 A，寻址范围 0~65 535。当数组用 xdata 定义时，会跳转到此处。

② R3 的值小于 0x01 即等于 0x00 时，执行如下程序：

C:0x00EF	E7	MOV	A,@R1
C:0x00F0	22	RET	

程序功能：读取单片机内部 256 字节 RAM 内的数据并赋值给 A，寻址范围 0~255。当数组用 data 或 idata 定义时，则跳转到此处。执行"N1=*p"语句时即跳转到此处，读取内部 RAM 地址内的数据。

③ R3 的值不等于 0x00 或 0x01 时，通过 JNC 指令跳转到 C:0x00F1 处时开始与 0xFE 做比较。R3 的值等于 0xFE 时，执行如下程序：

C:0x00F4	E3	MOVX	A,@R1
C:0x00F5	22	RET	

程序功能：读取单片机片外 RAM 内的数据并赋值给 A，寻址范围为 0~255。当数组用 pdata 定义时，则跳转到此处。通常 8051 单片机不使用 pdata 关键字定义存储空间。

④ R3 的值不等于 0xFE 时，即 R3 的值等于 0xFF 时，跳转到 C:0x00F6 处执行如下程序：

C:0x00F6	8982	MOV	DPL(0x82),R1

C:0x00F8	8A83	MOV	DPH(0x83),R2
C:0x00FA	E4	CLR	A
C:0x00FB	93	MOVC	A,@A+DPTR
C:0x00FC	22	RET	

程序功能：读取单片机内部 ROM 内的数据并赋值给 A，寻址范围为 0～65 535。当数组用 code 定义时，如程序⑥中，tab2 数组用 code 定义，执行"p=tab2"后，R3 的值被赋值为 0xFF，再执行"N2= * p"语句时即跳转到此处，读取内部 ROM 地址内的数据。

由此可见，子函数"C? CLDPTR"的作用是，根据数据所在存储空间，用不同的寻址方式读取某地址下的数据。R3 用于确定寻址方式，其值与寻址方式对应关系为：

① R3 值等于 0x00 时，为片内 RAM 间接寻址，此时数据用 data idata 定义。

② R3 值等于 0x01 时，为片外 RAM（扩展 RAM）间接寻址，此时数据用 xdata 定义。

③ R3 值等于 0xFE 时，为片外 RAM（扩展 RAM）低 246 字节间接寻址，此时数据用 pdata 定义。

④ R3 值等于 0xFF 时，为从存储存储器（ROM）进行变址寻址，此时数据用 code 定义。

2.2.3 指针变量结构

R3、R2、R1 的值是 RAM 中 0x12、0x13、0x14 地址内的值，即变量 p 映射的 RAM 地址。而 8 位单片机中，不管是何种寻址方式，最大寻址范围是 2 字节长度（0～65 535），为什么指针 *p 却占用了 3 字节 RAM 空间呢？下面通过程序④说明。

程序⑦：

```
#include "REG52.H"
unsigned char tab1[8];
unsigned char idata tab2[8];
unsigned char xdata tab3[8];
unsigned char pdata tab4[8];
unsigned char code tab5[8] = {0x10,0x20,0x30,0x40,0x50,0x60,0x70,0x80};
unsigned char  * p;
void main()
{
    p = tab1;
    p = tab2;
    p = tab3;
    p = tab4;
    p = tab5;
}
```

在 Debug Session 模式下可知，程序中数组与变量所映射的物理地址及物理存

第 2 章 C 语言编程技巧

储区分别为：

tab1：	0x08～0x0F	单片机内部 RAM
tab2：	0x03～0x1A	单片机内部 RAM(idata)
tab3：	0x08～0x0F	单片机扩展 RAM(xdata)
tab4：	0x00～0x08	单片机扩展 RAM 低 256 字节(pdata)
tab5：	0x0003D～0x0044	单片机程序存储区(code)
p：	0x10～0x12	单片机内部 RAM

扩展 RAM 在物理上可以分为片内或片外，如 STC15 系列增强型单片机的扩展 RAM 集成在单片机内部，即片内扩展 RAM；传统 8051 单片机没有片内扩展 RAM，须连接外部 RAM 芯片，即片外扩展 RAM。

在 Memory 1 界面下可以监视到变量 p 映射的 RAM 地址在 0x10～0x12 的数值变化，如图 2-22 所示。

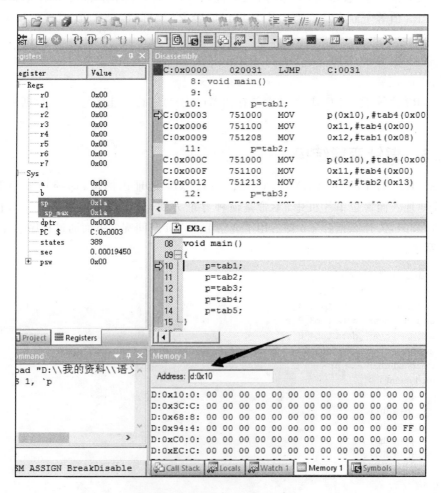

图 2-22 变量 p 监视窗口设置

通过 Step 功能按钮执行主函数中的 5 条语句,可观察到 0x10～0x12 寄存器的数据变化:

执行 p=tab1 后,寄存器 0x10、0x11、0x12 内的数值分别为 0x00、0x00、0x08;
执行 p=tab2 后,寄存器 0x10、0x11、0x12 内的数值分别为 0x00、0x00、0x13;
执行 p=tab3 后,寄存器 0x10、0x11、0x12 内的数值分别为 0x01、0x00、0x08;
执行 p=tab4 后,寄存器 0x10、0x11、0x12 内的数值分别为 0xFE、0x00、0x00;
执行 p=tab5 后,寄存器 0x10、0x11、0x12 内的数值分别为 0xFF、0x00、0x3D。

由此可知,0x10 的赋值取决于 p 指向的物理存储区,0x11、0x12 的值是数据存储区的地址。指针映射的首地址数据会根据指向的物理存储区被编译器赋不同的值,可以是 0x00、0x01、0xFE、0xFF。这与程序⑥得到的结论一致,程序⑥中寄存器 R3、R2、R1 对应值实际上就是指针映射的 3 字节寄存器数值。

结合程序⑥编译分析,当需要引用某物理地址内的数据时,则调用"C？CLDPTR"函数,函数功能就是根据这些赋值来确定使用何种寻址方式实现引用数据的。而这一过程(包括"C？CLDPTR"子函数本身)都是编译器自动完成的。

综上所述,Keil C 编译环境下,指针是一个占 3 字节的特殊变量,编译器编译程序时,自动生成判断寻址方式的子函数,并根据目标数据所在的物理存储区不同为指针首字节赋值,然后根据赋值的不同进行不同方式的寻址。其中,后 2 字节用于存放引用的地址。

下面介绍一个调试训练。下面的程序编译器会怎样编译?与程序⑥有何不同?请根据程序⑥和程序⑦的分析方式分析程序⑧的执行结果。

程序⑧:

```
#include "REG52.H"
unsigned char tab1[8];
unsigned char code tab2[8] = {0xff,0xff,0xff,0xff,0xff,0xff,0xff,0xff};
unsigned char  * p;
void main()
{
    unsigned char i;
    p = tab1;
    for(i = 0;i<8;i++,p++)
     * p = i;
    p = tab2;
    for(i = 0;i<8;i++,p++)
     * p = i;
}
```

思考:下列语句中:

```
p = tab2;
for(i = 0;i<8;i++,p++)
 * p = i;
```

程序中执行完 for 循环后,tab2 数组内的值会改变吗?为什么?

2.2.4 指针意义

在汇编编程中,单片机数据存放的物理存储区不同,会导致有不同的寻址方式,用户必须根据这一规律编写程序。而在 C 语言中,不管目标数据所在的物理存储区如何,指针都可指向该地址,并自动编译寻址方式。但指针并不是万能的,如程序⑧中:

```
p = tab2;
for(i = 0;i<8;i++,p++)
*p = i;
```

程序在编译时并不会报错,但却不能实现功能,因为 tab2 数组是定义在程序存储器(ROM)的数组,ROM 内的数据更改是不能通过这种方式实现的。因此,当用户不明确单片机的物理存储区特性时,使用指针会容易出错。现将程序⑧中的主函数语句做如下修改,得到程序⑨:

程序⑨:

```
# include "REG52.H"
unsigned char tab1[8];
unsigned char code tab2[8] = {0xff,0xff,0xff,0xff,0xff,0xff,0xff,0xff};
unsigned char    * p;
void main()
{
    unsigned char i;
    for(i = 0;i<8;i++,p++)
    tab1[i] = i;
    for(i = 0;i<8;i++,p++)
    tab2[i] = i;
}
```

单独看第一个 for 循环,可实现与程序⑧一样的效果,即 tab1 数组内被赋值为 0、1、2、3、4、5、6、7。

第二个 for 循环从语句上可认为是与程序⑧功能相同,实际上,不管是程序⑧还是程序⑨,都不能实现对 tab2 数组的赋值。在程序⑨中,编译器会提示错误,如图 2-23 所示。但在程序⑧中却不会因为指针指向了不可更改数据的 ROM 存储区而报错。因此,指针的使用不当,不仅会带来程序运行结果的不正确,同时也难以发现这些错误。

对比程序⑧和程序⑨中的两段程序:

```
p = tab1;
for(i = 0;i<8;i++,p++)
   * p = i;
for(i = 0;i<8;i++,p++)
   tab1[i] = i;
```

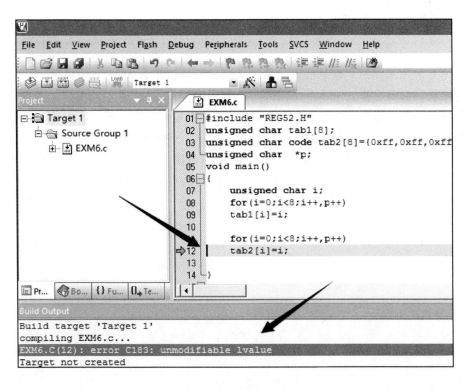

图 2-23 编译错误提示

它们执行的结果是一样的,那么哪种更好呢？对于初学者来说,显然是后者,因为更易于理解程序含义,而前者必须要理解指针在此处的作用。那么对于有经验的程序员呢,也是后者,因为程序执行效率上,后者也要大于前者,程序⑧在编译过程中可知,编译器始终会生成一个子函数用于确定寻址方式,然后再执行赋值等操作;程序⑨则是直接确定了寻址方式执并行进行赋值。相比较执行,尽管程序⑧执行效率的降低在接受范围内,但对于一个简单、明了的功能来说,用简单的方式实现要比复杂方式合理。

设计者在程序中使用指针的目的往往是让程序具有可移植性,但8051单片机的功能是有限的,它实现的功能相对固化,如时间显示、数据采集等。这些功能确定后,几乎不会做出更改,基于此特点,8051单片机的代码量都不长。因此,即便是不同架构的单片机程序互相移植,代码的修改也并不复杂,移植过程中,C语句本身改动并不大。因此,合理地设计单片机程序,尽可能提高程序的效率、稳定性、可阅读性才是程序设计的核心主旨。指针在8051单片机中固然可以使用,但并不能说明指针的使用就一定是高效、准确、易于他人理解的。

总　结

　　本章利用编译器对常见的语句和指针等进行反汇编处理,通过编译器观察 C 语言程序代码如何工作。从本章介绍的两个例子中可以看出,并不是书写上简化的代码就可以为程序带来高效性和易读性,反倒是看似较多的语句在执行效率上不低于简化写法,且更易于阅读。尤其在指针应用中,这一点体现得更加明显。

　　在程序设计中,通过编译器查找错误和监测程序,更容易找到问题所在,并根据编译器编译后的汇编代码理解 C 语言语句的语义,可更好地让程序员编写出准确、高效的程序。

第 3 章

单片机中断系统

中断系统是单片机的重要组成部分,单片机往往通过中断系统完成实时控制、数据采集、数据通信等工作。本书实践操作项目的程序代码中涉及了较多中断应用,同时,单片机中断系统概念较为抽象,往往是学习单片机过程中的难点,本章将详细介绍 51 单片机中断系统的相关内容。

3.1 概　念

本节通过列举工人生产活动对中断系统的概念进行通俗解释,使读者了解中断系统的现实意义;然后结合本书中的应用实例介绍中断系统原理及意义。

3.1.1 中断概念

事件 1:假设某工厂内,工人甲的工作任务是生产型号为 A 的零件,制作该零件需要 10 道工序,若在进行某一道工序时工具损坏,离开岗位 5 min,工人甲返回工作岗位后继续之前的工序工作。

思考:为什么工人甲返回工作岗位后可以继续之前的工作?

事件 2:工人乙与工人甲在同一工厂工作,工人乙生产型号为 B 的零件,该零件需要 15 道大工序,每个大工序又分为 10 个小工序,而每个小工序又分为 3~5 个步骤。工人乙在进行第 8 道大工序中的第 10 个小工序的第 4 步骤时被告知,工人甲因事外出较长时间,需要工人乙代替工人甲生产型号 A 零件。

思考:工人乙代替工人甲工作后是否记得自己之前进行到了哪一道工序?

在这两个事件中,工人乙的工作难度明显大于工人甲,同时,工人乙遇到的事件也比工人甲复杂。工人甲只是外出 5 min,返回后即可正常工作,对于工人甲,他只需要记住离开工作岗位时他进行到了哪一道工序,返回岗位后继续此工序即可。而对于工人乙,他的工作内容较为复杂,又需要离开自己的工作岗位较长时间,为保证返回工作岗位后可以继续工作,他必须记住自己是在哪里停止了工作进程。工人乙在这里代表的是一个群体,是一个大众化的模型,他的记忆力可能很好,也可能很不好,理想的情况应该是工人乙返回岗位后可以继续之前的工作。为保证这一点,规定工人乙须记录好自己的工作过程,如工人乙可将自己的当前工作进程记录为

第 3 章　单片机中断系统

8-10-4,代表第 8 个大工序第 10 个小工序第 4 个步骤。这样工人乙完成顶替任务后,即便是忘记了之前的工作内容,但根据工作记录可以很快地继续工作。事件 1 和事件 2 相比,只是工作内容的复杂程度不同,但事件当事人都停止了自己当前工作转而进行其他事件。

事件 3:工人甲和工人乙各自在自己的岗位工作。工人甲因故请假,并希望工人乙可为其代工一段时间。而工人乙生产的零件刚好是工厂急需使用的,因此工人乙拒绝工人甲,工人甲去找其他工人顶替工作。

思考:为什么工人乙可以拒绝工人甲?

在某些情况下,工人乙拒绝工人甲的要求,并不是自己没有工作能力,而是工厂任务规定了工人乙的特定任务,为了完成任务,工人乙只能拒绝工人甲。

将事件 3 和事件 1、事件 2 对比可以发现明显区别,即在事件 3 中,工人甲停止了当前工作转去做其他事情,而工人乙拒绝了停止当前工作。

事件 4:工人甲、乙、丙同时在工厂工作,每个人生产不同零件。甲、乙二人均因故须请假,但工人乙生产的零件为工厂急需零件。甲、乙请假后,将由工人丙代替二人工作,工人丙根据实际需要,先替工人乙生产 B 型零件以保证工厂运作,满足工厂对 B 型零件要求后,再替工人甲生产 A 型零件。直到二人均返回工作岗位后,工人丙再返回自己工作岗位。

事件 5:工人甲、乙、丙同时在工厂工作,每个人生产不同零件。甲、乙二人均因故须请假,都需要找工人丙代替加工零件。甲、乙二人谁先找到工人丙提出代替岗位需求,工人丙就先为谁完成其生产任务。

此处的 5 个实例就是中断事件典型实例,其中,当事人可以去响应中断事件,如事件 1 中工人甲去拿新工具,事件 2 中工人乙代替工人甲生产零件。当事人也可以拒绝响应中断事件,如事件 3 中工人甲没有拒绝其他事件,工人乙却拒绝了其他事件——工人甲的请求。事件 4 中,工人丙根据实际情况,先去执行优先级较高的事件——生产 B 型零件,再执行另一件优先级较低事件——生产 A 型零件。在事件 5 中,工人丙既可以为甲乙二人加工零件,但有先后顺序,谁先找到工人丙,他就为谁先完成任务。现实生活与生产中,人会遇到各种各样的打断事件,人响应这些打断事件的过程,就是中断。

对人类而言,正在做某一件事情,中间被打断,如果这件事情必须要完成,那么不管出现多少次打断,人都会去完成这件事情;也可根据实际情况,中断当前进行的事件转而做其他事情。

事件 1 中工人甲去拿新工具时,他的大脑中知道自己还有未完成的工作,他必须回去完成这份工作;事件 2 中工人乙可通过记录的方式保证工作的准确性;事件 3 中,工人甲因故离开工作岗位,去做相对当前工作更重要的事情,工人乙根据实际情况拒绝了工人甲的请求……人类智能可以使得人类在经历打断事件时决定是进行中断事件还是屏蔽中断事件,因此使得人类可以同时做多种工作。

3.1.2 单片机系统的中断概念

单片机不会和人类一样,可以智能地判断事件,知道什么时间该如何处理事件,而实际应用中,又需要有和人类似的"多任务"功能,因此产生了中断。

中断系统是为使单片机具有对外界紧急事件的实时处理功能和多任务功能而设置的,当中央处理器 CPU 正在处理某件事情时发生了中断请求(可以是外部事件,也可以是内部事件),要求 CPU 暂停当前的工作,转而去处理这个事件,处理完成后,再回到原来被中断的地方继续工作,这样的过程为中断。与 3.1.1 小节中的 5 个实例类似,单片机响应中断可看作响应不同事件的过程,流程如图 3-1 所示。

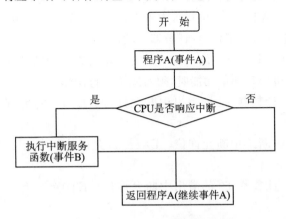

图 3-1 单片机中断响应示意图

由流程图可知,单片机响应中断过程与人类处理外部打断事件类似,以 3.1.1 小节中的事件 3 为例,程序 A 可看作工人乙当前正在进行的工作(事件 A),工人甲的请求可看作中断事件的产生,CPU 判断是否响应中断的过程可看作工人乙判断是否接受工人甲的请求,如果接受,工人乙须暂时停止自己当前的工作,转而进行工人甲的工作,即流程图中"执行中断服务函数"(事件 B);如果工人乙拒绝,则继续之前的工作(继续事件 A)。单片机和人都可根据实际情况选择相应中断事件或屏蔽中断事件,前者通过人为的程序设定,后者则依靠人自身进行选择判断。

3.2 8051 单片机中断相关寄存器

通过 3.1 节对中断系统概念的介绍可知,单片机和人在遇到中断事件时有类似的处理机制。为了使单片机可以更加"智能"地按照要求进行工作,单片机可通过中断寄存器实现中断应用,本节将介绍传统 8051 单片机的中断相关寄存器。

3.2.1 中断允许寄存器 IE

中断允许寄存器 IE 可位寻址,其功能是通过 CPU 对中断源的开放或屏蔽进行设置,

第3章 单片机中断系统

设置每一个中断源是否被允许中断。IE 字节地址为 A8H,内部格式如表 3-1 所列。

表 3-1 IE 寄存器内部位功能及名称

位名称	B7	B6	B5	B4	B3	B2	B1	B0
功能	EA	—	ET2	ES	ET1	EX1	ET0	EX0

B7:EA:CPU 的总中断允许控制位,可理解为中断系统的总开关。EA=1,中断总开关打开,只有 EA=1 时,其他中断才被允许;EA=0,CPU 屏蔽所有的中断申请,此时 CPU 不会响应任何中断。

B5:ET2:定时/计数器 2 的溢出中断允许位。ET2=1 时,允许 T2 中断;ET2=0 时,禁止 T2 中断。AT89C51 单片机中没有定时/计数器 2,但在 AT89C52 型号之后及 STC 单片机中都包含了定时/计数器 2 功能。

B4:ES:串行口 1 中断允许位。ES=1,允许串行口 1 中断;ES=0,禁止串行口 1 中断。当需要单片机串口通信功能时,须对此位进行操作。

B3:ET1:定时/计数器 T1 的溢出中断允许位。ET1=1,允许 T1 中断;ET1=0,禁止 T1 中断。

B2:EX1:外部中断 1 中断允许位。EX1=1,允许外部中断 1 中断;EX1=0,禁止外部中断 1 中断。

B1:ET0:定时/计数器 T0 的溢出中断允许位。ET0=1,允许 T0 中断;ET0=0,禁止 T0 中断。

B0:EX0:外部中断 0 中断允许位。EX0=1,允许中断;EX0=0,禁止中断。

其中,B6 位默认,在其他种类单片机中,可扩展为其他功能的中断请求源。

由于 IE 寄存器的任意一位可位寻址,所以可直接进行位操作,也可直接对寄存器进行操作。实例如下:

【例 1】 需要使用定时器 0 中断功能时,可写为:

```
EA = 1;
ET0 = 1;
```

又可以写为:

```
IE = 0x82;(IE = 10000010B)
```

【例 2】 需要使用定时器 0、定时器 1 和外部中断 0 功能时,可写为:

```
EA = 1;
ET0 = 1;
ET1 = 1;
EX0 = 1;
```

又可写为:

```
IE = 0x8B;(IE = 10001011B)
```

在实际的程序设计中,可根据实际情况选择书写方法。

传统8051单片机中,总共有5个中断源(8052有6个),在增强型单片机中,中断源个数远远大于5个,此处介绍STC15系列单片机与传统单片机中兼容的5个中断源。5个中断源可总结为2个定时/计数器中断(T0、T1、T2),2个外部中断(EX0、EX1)和一个串口中断(ES)。这些基础中断功能,使得单片机可以实现各种丰富的功能。

3.2.2 中断优先级

传统8051单片机的5个中断源是具有优先级的,中断源及其优先级如表3-2所列。中断优先级可使得单片机系统更好地协调中断源之间关系。在3.1.1小节事件4中,工人丙需要同时为工人甲和工人乙生产零件,但为了满足工厂运作生产需要,他选择先生产B型零件再生产A型零件。单片机在处理终端时,同样会遇到类似问题,当大于两个(含两个)的中断源同时向CPU请求中断时,CPU先响应哪一个中断?下面将通过实际例子进行分析。

表3-2 传统8051单片机中断名称及优先级

中断名称	中断向量地址	中断查询次序/中断查询号（中断优先级）
外部中断0	0003H	0
定时器0	000BH	1
外部中断1	0013H	2
定时器1	001BH	3
串口中断	0023H	4

【例3】

单片机允许发生外部中断0和外部中断1,若外部中断0和外部中断1同时发生,则单片机将先响应外部中断0,而不是外部中断1;当单片机执行完外部中断0服务函数后,再响应外部中断1请求。

【例4】

单片机允许发生外部中断0和外部中断1,若外部中断1先产生中断请求,则单片机在执行外部中断1服务函数过程中,外部中断0产生中断请求。此时虽然已经响应了外部中断0且进入到了中断服务函数,但由于外部中断0的中断优先级高于外部中断1,所以产生外部中断0请求后,会终止当前的外部中断1中断服务函数转而跳转到外部中断0服务函数执行。

【例5】

定时器0产生中断后进入中断程序,若执行定时器0中断程序时产生外部中断1,那么此时不会响应外部中断1,因为定时器0中断优先级高于外部中断1;等到单片机执行完定时器0中断程序后再响应外部中断1,执行相应中断服务函数。这里需要注意,外部中断1触发条件对于定时器0函数而言,往往时间极短,通常是定时器0程序还未运行完,外部中断1触发条件已经失效,但只要CPU检测到过外部中断1请求,就会记录下请求源,将外部中断标志位置1,以保证执行完定时器程序后可执行外部中断程序。

以上3个例子是针对默认中断优先级情况下的单片机对中断的处理方式。当单片机所执行的程序功能并不复杂、硬件相对固定时,可根据默认中断优先级设置中断源,如下面的例子。

【例6】

事件A 中断类型:外部中断

事件B 中断类型:外部中断

事件C 中断类型:定时器中断

当事件A、B、C同时占用单片机系统中断资源时,则可根据3个事件的执行优先级分配中断资源。项目设计中,若规定事件优处理优先级为事件B＞事件A＞事件C,再根据3个事件的中断类型,可做出如下分配:

事件A→外部中断1

事件B→外部中断0

事件C→定时器1或定时器2

由表3-2可知,上述中断优先级排序为:外部中断0＞外部中断1＞定时器1。由于事件C的优先级最低,所以选择定时器1。

例6中,在程序不变的情况下,事件A和事件B均为外部中断请求源,其触发条件是由外部电路决定的。在程序不变的情况下,事件A的触发电路连接到外部中断1触发引脚上(P3.3),同时必须保证事件B的触发电路连接到外部中断0触发引脚上(P3.2)。但当该系统的3个事件优先级发生变化且假定无法更改硬件电路时,则只能通过软件决定优先级顺序,此时必须用中断优先级控制寄存器IP实现。

中断优先级控制寄存器IP可位寻址,用于实现不同中断源的优先级控制,其内部格式如表3-3所列。

表3-3 IP寄存器内部位功能及名称

位名称	B7	B6	B5	B4	B3	B2	B1	B0
功　能	—	—	PT2	PS	PT1	PX1	PT0	PX0

B5:PT2,定时器2中断优先级控制位。当PT2=0时,定时器2为最低优先级;当PT2=1时,定时器2为最高优先级。

B4,串口中断优先级控制位。当PS=0时,串口中断为最低优先级中断;当PS=1时,串口中断为最高优先级中断。

B3:PT1,定时器1中断优先级控制位。当PT1=0时,定时器1中断为最低优先级中断；当 PT1＝1 时,定时器 1 中断为最高优先级中断。

B2:PX1,外部中断 1 优先级控制位。当 PX1＝0 时,外部中断 1 为最低优先级中断(优先级 0)；当 PX1＝1 时,外部中断 1 为最高优先级中断。

B1:PT0,定时器 0 中断优先级控制位。当 PT0＝0 时,定时器 0 中断为最低优先级中断；当 PT0＝1 时,定时器 0 中断为最高优先级中断。

B0:PX0,外部中断 0 优先级控制位。当 PX0＝0 时,外部中断 0 为最低优先级中断；当 PX0＝1 时,外部中断 0 为最高优先级中断。

在前面的例 4 中,若将事件 A、B、C 的优先级由事件 B＞事件 A＞事件 C 改为事件 A＞事件 B＞事件 C,且只能通过程序修改事件优先级顺序,则须借助中断优先级控制寄存器 IP。此时要求事件 A 对应的外部中断 1 的优先级高于事件 B 对应的外部中断 0,在中断初始化程序中,只需要加入 PX1＝1 即可实现。程序事例代码如下：

```
EA = 1；    //打开总中断开关
EX0 = 1；   //允许外部中断 0
EX1 = 1；   //允许外部中断 1
ET1 = 1；   //允许定时器 0 中断
PX1 = 1；   //将外部中断 1 优先级设置为最高级
```

例 6 中可以看出,中断的优先级是可以通过软件和硬件进行改变的,而且相对于硬件,通过软件改变中断优先级更为简单有效,单片机的中断优先级控制寄存器提供了类似问题的解决方案。但在实际项目的程序设计中,单靠中断优先级控制寄存器仍难以满足设计需要。如在 3.1.1 小节中的事件 5,工人丙先进行的任务取决于甲乙二人的到来顺序,这个先到顺序概率是完全一样的。当单片机处理类似事件时,就不能靠中断优先级控制寄存器实现中断事件的处理,须通过其他软件设计方案。

【例 7】

事件 A　　中断类型:外部中断

事件 B　　中断类型:定时器中断

事件 C　　中断类型:外部中断

项目要求:事件 A、B、C 的任一事件请求中断时,CPU 马上响应中断；当同时有两个或 3 个事件都产生中断请求时,可以任意响应其中之一个中断请求。但在响应某一中断过程中,不再接受其他任何中断请求,直到该中断事件处理完毕,再准备下一次中断响应。

根据项目要求可知,3 个事件无明显中断优先级顺序,但要求不管先响应哪一个中断后,须屏蔽掉其他中断源。此时不能通过中断优先级控制寄存器 IP 实现该功能,因为 IP 只能将某一个中断的优先级设置为最高,并不能起到屏蔽其他中断的作用。因此,须通过修改 3 个事件的中断服务函数实现这一功能要求。示例代码如下：

```
void Exint0() interrupt 0  //外部中断 0 中断服务函数
{
    EX1 = 0；
```

```
        ET1 = 0;
        //事件 A 相关程序代码
        EX1 = 1;
        ET1 = 1;
    }
    void Timer0() interrupt 1    //定时器 0 中断服务函数
    {
        EX0 = 0;
        EX1 = 0;
        //事件 B 相关程序代码
        EX0 = 1;
        EX1 = 1;
    }
    void Exint1() interrupt 2    //外部中断 1 中断服务函数
    {
        EX0 = 0;
        ET1 = 0;
        //事件 C 相关程序代码
        EX0 = 1;
        ET1 = 1;
    }
```

可见,在任意一个中断服务函数中,程序开头都对其他两个中断源进行了关断操作,在程序的结尾再次打开其他两个中断源开关,这样就通过软件的方式实现了中断优先级控制。此种用法可用于处理类似事件 5 的优先级顺序。

3.3 定时器中断

在 51 单片机系统中,定时器中断是应用最广泛的中断,尤其是在非增强型单片机中,定时器除了可用于计时、计算,还被用作波特率发生器。本节将详细介绍单片机系统中的定时器中断功能。

3.3.1 定时器相关寄存器

1. 定时/计数器 0/1 控制寄存器 TCON

定时/计数器控制寄存器 TCON 可位寻址,用于锁存定时器 0、定时器 1、外部中断 0、外部中断 1 的溢出标志位,并控制定时器的启/停、外部中断的触发方式。其内部格式如表 3 - 4 所列。

表 3 - 4 寄存器 TCON 内部结构

寄存器名称	地址	bit	B7	B6	B5	B4	B3	B2	B1	B0
TCON	88H	名称	TF1	TR1	TF0	TR0	IE1	IT1	IE0	IT0

B7:TF1,定时器 1(T1)溢出中断标志位。T1 被允许计数以后,从初值开始加 1

计数。当产生溢出时,由硬件置1,TF1向CPU请求中断,直到CPU响应中断时才由硬件清0(也可通过软件查询方式清0)。

B6:TR1,定时器T1的运行控制位,由软件置位或清0。TR1=1时,允许T1开始计数;TR1=0时,停止T1计数。

B5:TF0,定时器0(T0)溢出中断标志位。T0被允许计数以后,从初值开始加1计数。当产生溢出时,由硬件置1,TF0向CPU请求中断,直到CPU响应该中断时才由硬件清0(也可通过软件查询方式清0)。

B4:TR0,定时器T0的运行控制位,由软件置位或清0。TR0=1时,允许T0开始计数;TR0=0时,停止T0计数。

B3:IE1,外部中断1请求源(INT1/P3.3)标志位。外部中断向CPU请求中断后,IE1=1,CPU响应该中断后由硬件清0。

B2:IT1,外部中断源1触发控制位。IT1=0时,外部中断1为低电平触发方式;IT1=1时,外部中断1为下降沿触发方式。

B1:IE0,外部中断1请求源(INT1/P3.2)标志位。外部中断向CPU请求中断后,IE0=1,CPU响应该中断后由硬件清0。

B0:IT0,外部中断源1触发控制位。IT0=0时,外部中断0为低电平触发方式;IT1=0时,外部中断0为下降沿触发方式。

寄存器TCON的高4位用于定时器功能:B7、B5位分别为T1、T0中断溢出标志位,B6、B4位分别为T1、T0的启动开关。寄存器TCON的低4位用于外部中断功能:B3、B1位分别为外部中断1、外部中断0的溢出标志位;B2、B0位分别为外部中断1、外部中断0触发方式控制位。

2. 定时器模式控制寄存器 TMOD

传统8051单片机的定时器0有4种工作方式,定时器1有3种工作方式,不同的工作方式是为了适应不同的工作情景。STC15系列单片机的定时器T0和T1除模式0外,其他模式与之兼容。模式0的用法见本书第6、9、10、11章。定时器工作方式是通过定时器模式控制寄存器TOMD来决定的,其内部格式如图3-2所示。

TMOD.7	TMOD.6	TMOD.5	TMOD.4	TMOD.3	TMOD.2	TMOD.1	TMOD.0
GATE	C/T	M1	M0	GATE	C/T	M1	M0
定时器1				定时器0			

图3-2 TMOD寄存器内部名称

可见,寄存器TMOD的高4位用于定时器1的模式控制,低4位用于定时器0的模式控制。高4位与低4位的结构完全相同,该寄存器不可位寻址。

TMOD.7:GATE,控制定时器1,置1且只有在INT1(P3.3)脚为高、TR1控制位置1时,才可打开定时/计数器1。

第3章 单片机中断系统

TMOD.3:GATE,控制定时器 0,置 1 且只有在 INT0(P3.2)脚为高、TR0 控制位置 1 时,才可打开定时/计数器 0。

GATE 控制位的意义是可将定时/计数器设置为软件+硬件的启动方式,该位置 1 时,启动定时/计数器,且必须满足外部硬件条件(P3.2 或 P3.3 为高)和内部软件条件(TR0 或 TR1 为 1)。当 GATE 位置 0 时,定时/计数器只通过软件方式启动。通常情况下,大多使用纯软件启动方式。

TMOD.6:C/T,控制定时器 1 用作定时器或计数器。清 0 则用作定时器(对内部系统时钟行计数),置 1 用作计数器(对引脚 T1/P3.5 的外部脉冲进行计数)。

TMOD.2:C/T,控制定时器 0 用作定时器或计数器。清 0 则用作定时器(对内部系统时钟行计数),置 1 用作计数器(对引脚 T0/P3.4 的外部脉冲进行计数)。

C/T 位的功能是切换定时器和计数器功能,本章介绍的定时器模式中,该位须置 0。

TMOD.5、TMOD.4:M1、M0,用于控制定时器/计数器 1 的工作模式。定时/计数器 1 共有 3 种工作模式,对 M1、M0 进行不同赋值即可实现不同模式的切换:

M1=0,M1=0,模式 0:13 位定时/计数器,由 TL1 的低 5 位和 TH1 的 8 位组成 13 位计数器。

M1=0,M1=1,模式 1:16 位定时/计数器,TL1 和 TH1 全部使用。

M1=1,M1=0,模式 2:8 位自动重装载定时器,溢出时 TH1 存放的值自动装入 TL1。

M1=1,M1=1,定时/计数器此时无效。

TMOD.1、TMOD.0:M1、M0,用于控制定时/计数器 0 的工作模式。与定时/计数器 1 不同,定时/计数器 0 共有 4 种工作模式,对 M1、M0 进行不同赋值即可实现不同模式的切换:

M1=0,M1=0,模式 0:13 位定时/计数器,由 TL0 的低 5 位和 TH0 的 8 位组成 13 位计数器。

M1=0,M1=1,模式 1:16 位定时/计数器,TL0 和 TH0 全部使用。

M1=1,M1=0,模式 2:8 位自动重装载定时器,溢出时 TH0 存放的值自动装入 TL0。

M1=1,M1=1,定时/计数器 0 此时作为双 8 位定时/计数器。TL0 作为一个 8 位定时/计数器,通过标准定时器 0 的控制位控制。TH0 仅作为一个 8 位定时器,由定时器 1 的控制位控制。

3. 定时/计数器寄存器

8051 系列单片机有两个定时器:T0 和 T1,这两个定时器都是 16 位的定时/计数器;8052 系列单片机增加了一个定时/计数器 T2;在 8 位单片机系统中,不管是 T0、T1 或是 T2,作为 16 位计数器,是如何实现 16 位计数功能? 此处以定时器 T0、T1 为例,介绍定时/计数器结构。

第3章 单片机中断系统

传统8051单片机的定时器T0、T1分别由两个特殊功能寄存器组成,T0由特殊功能寄存器TH0和TL0构成,而T1则是由TH1和TL1构成,寄存器符合及名称功能如表3-5所列。可见,每一个16位定时/计数器都由两个8位寄存器组成。以定时/计数器0为例,TL0低8位计数溢出后自动向TH0高8位进位。定时器2与定时器0、定时器1类似,此处不再过多赘述。

表3-5 定时/计数器寄存器

符号	功能描述	RAM地址	复位值
TL0	定时/计时器0低8位	8AH	0000 0000B
TH0	定时/计时器0高8位	8BH	0000 0000B
TL1	定时/计时器1低8位	8CH	0000 0000B
TH1	定时/计时器1高8位	8DH	0000 0000B

3.3.2 定时器中断模式与初始化

定时器中断应用中,不同工作模式对应着不同的项目要求,对应的初始化程序也有所不同,本小节介绍定时器中断的典型用法。在实际应用中,传统8051单片机的定时/计数器0的模式0、模式3及定时/计数器1的模式0并不实用,STC15系列的模式0与模式1类似,所以此处只介绍模式1和模式2。

1. 工作模式1

定时/计数器0和定时/计数器1的工作原理相同,此处以定时/计数器0为例介绍模式1。模式1下:由TL0和TH0位共同构成一个16位的定时/计数器,定时/计数器启动后,定时或计数脉冲个数先加到TL0上,从预先设置的初值(时间常数)开始累加,每次递增1;当TL0计满后,向TH0进位,直到16位寄存器计满溢出;溢出时,定时/计数器硬件自动把16位的寄存器值清0,中断标记TF0置1。如果需要进一步定时/计数,则需要重新设定定时/计数初值,CPU响应中断后将TF0置0。模式1结构如图3-3所示。

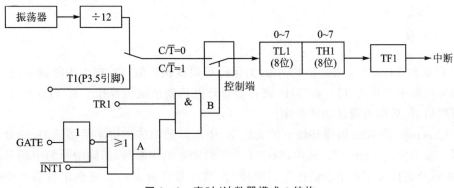

图3-3 定时/计数器模式1结构

第 3 章 单片机中断系统

每个机器周期使定时器 T0/T1 的寄存器值自动加 1,直到溢出,所以,定时器的分辨率是时钟振荡频率的 1/12。当振荡器为 12 MHz 时,机器周期时间为 1/12×12 μs=1 μs,每 1 μs 产生一次计时脉冲信号。工作在模式 1,振荡器为 12 MHz 时,最大可计数 65 536 次,最大计时时间为 $2^{16}×(1/12)×12$ μs=65.536 ms。

模式 0 与模式 1 的工作原理完全一致。区别是模式 0 为 13 位定时/计数器,最大计时时间为 $(2^{13}-0)×(1/12)×12$ μs=8.191 ms。可见,模式 1 的计时范围包含了模式 0 的计时范围,因此只须学习模式 1 即可(STC15 系列单片机模式 0 为 16 位计数范围)。

定时器 0 模式 1 初始化程序(12 MHz)如下:

```
void Timer0Init(void)         //50 毫秒@12.000 MHz
{
    EA = 1;                   //开总中断
    ET0 = 1                   //允许定时器 0 中断
    TMOD = 0x01;              //设置定时器模式,此处为模式 1
    TL0 = 0xB0;               //设置定时初值
    TH0 = 0x3C;               //设置定时初值
    TF0 = 0;                  //清除 TF0 标志
    TR0 = 1;                  //定时器 0 开始计时
}
```

此处设定时间为 50 ms,因为 16 位寄存器是由两个 8 位寄存器组成的,因此须分别计算低 8 位和高 8 位设定初值,公式如下:

TL0=(65 536−50 000)%256(十六进制:B0)
TH0=(65 536−50 000)/256(十六进制:3C)

程序执行语句"TR0=1"后定时器启动,当计时时间等于 50 ms 时产生中断,CPU 响应中断后,进入到定时中断服务函数。中断函数示例如下:

```
void T0_ISR() interrupt 1
{
    TL0 = 0xB0;               //设置定时初值
    TH0 = 0x3C;               //设置定时初值
    //功
    //能
    //程
    //序
}
```

TL0 和 TH0 在溢出后值均为 0,为保证可根据预设值再次产生中断请求,在中断服务函数中必须为 TL0 和 TH0 寄存器重新进行初值赋值操作。对 TL0 和 TH0 重新赋值后,后面可设计功能程序。

Interrupt 是 Keil 编译环境下的关键字,中断函数中该关键字是必须的,此处定时器 0 写为"interrupt 1"。其中,数字 1 为定时器 0 的中断号,不同中断的中断号不同,中断号也代表了该中断的优先级顺序,详细可参见表 3-2。完整定时器 0 中断测试代码如程序 C3-1 所示。

程序 C3-1：

```c
#include"reg52.h"
void Timer0Init();
unsigned char code table[] = {0x3f,0x06,0x5b,0x4f,0x66,0x6d,0x7d,0x07,0x7f,0x6f};
unsigned char Count,N = 0;
void main()
{
    Timer0Init();
    while(1)
    {
        P2 = table[N];
    }
}
void Timer0Init()
{
    EA = 1;
    ET0 = 1;
    TMOD = 0x01;
    TL0 = 0xB0;         //设置定时初值
    TH0 = 0x3C;         //设置定时初值
    TF0 = 0;
    TR0 = 1;
}
void Timer0() interrupt 1
{
    TL0 = 0xB0;         //重装定时初值
    TH0 = 0x3C;         //重装定时初值
    Count ++ ;
    if(Count == 4)
    {
        N ++ ;
        Count = 0;
        if(N>9)N = 0;
    }
}
```

程序功能为使一位数码管循环显示 0～9，显示切换时间为 200 ms，仿真电路如图 3-4 所示。

主程序中，P2 作为数字字符输出端口，数码管字符数据存储在数组 table 中，P2 的输出值由变量 N 决定。单独看主程序时，并没有任何程序代码使数码管显示发生变化，要想改变仿真中数组变化显示，就需要改变 N 的值，那么如何改变 N 的值呢？

将上述问题整理为：将 P2 输出显示字符语句视为事件 A，将改变变量 N 的值视为事件 B，如何让单片机在执行事件 A 的过程中去执行事件 B，完成后再继续执行事件 A 呢？本程序是通过定时器中断实现的。

中断初始化程序 Timer0Init()中对定时器 0 做了初始化设置，此处设置定时时间为 50 ms（最大 65 ms，为便于计算，此处设定为 50 ms）。当定时时间满足预先设

第 3 章 单片机中断系统

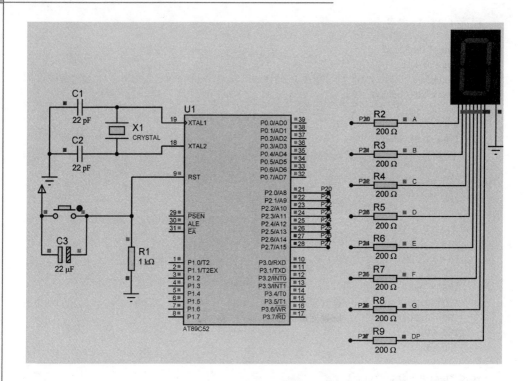

图 3-4 数码管显示电路图

定的 50 ms 后，TF0(定时器标识)置 1，向 CPU 发送中断请求，CPU 响应中断，单片机停止执行当前程序，跳转到中断函数 Timer0() 的 interrupt 1 执行程序：

```
TL0 = 0xB0;        //重装定时初值
TH0 = 0x3C;        //重装定时初值
```

传统 8051 单片机中，定时器工作在方式 1 时，中断函数中必须重装定时器初值，此段程序是必须的。

中断函数中实际功能程序为：

```
Count ++ ;
if(Count == 4)
{
    N ++ ;
    Count = 0;
    if(N>9)N = 0;
}
```

每隔 50 ms 产生中断后，变量 Count 执行自增操作，4 次中断，即 200 ms 后(if(Count==4))，变量 N 执行自增操作。

主函数中，P2 端口输出语句可视为事件 A，中断函数可视为事件 B。每隔 50 ms，定时器每计时达到设定值后，定时器 0 溢出标志位 TF0 自动置 1；当此标志位为 1

时,向 CPU 请求中断,CPU 响应中断后不再执行之前的程序,而是跳转到中断函数中执行程序。执行完中断函数后,自动返回到之前断点处继续执行程序。上述过程是单片机自动完成的,无需用户干预,CPU 响应定时 0 中断后,TF0 自动清零准备下一次中断。单片机响应中断过程与人类处理中断事件类似,单片机执行主函数可看作工人 A 做某项工作,TF0 置 1 可看作工具损坏,单片机执行中断程序可看作工人 A 去领取新工具,工人返回自己工作岗位继续工作可看作单片机返回之前断点处继续执行程序。

2. 工作模式 2

这种模式又称为自动再装入预置数模式,前文介绍的工作模式 1 中,当定时/计数器的寄存器 TH0、TL0 的值溢出时,定时/计数器硬件设备会自动把寄存器 TH0、TL0 的值清 0,尽管这种方式下必须在中断服务函数中重新为 TH0、TL0 寄存器赋值,但可满足程序执行过程中需要改变定时时间的应用需求。如 3.3.2 小节的程序 C3-1 中,预先设定的定时时间为 50 ms,如后期须延长或缩短该时间,则只需在中断服务函数中对 TH0、TL0 赋值进行修改即可。

在某些应用场合,定时器的初值固定不变,且计时时间较短,初值只需要赋值一次即可,模式 2 满足这种应用要求。工作模式 2 为 8 位自动重载定时/计数器,THx 作为常数缓冲器,当 TLx 计数溢出时,在置 1 溢出标志 TFx 的同时,还自动将 THx 中的初值送至 TLx,使 TLx 从初值开始重新计数。工作过程如图 3-5 所示。

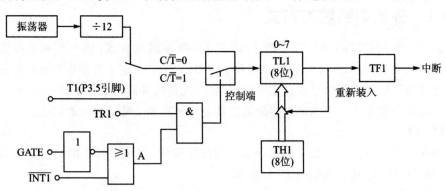

图 3-5 定时/计数器工作模式 2 示意图

由于只有 8 位计数器,定时时间短、计数范围小。若晶振频率为 12 MHz,则最长的定时时间为 $(2^8-0) \times (1/12) \times 12$ μs = 0.256 ms,如此短的定时时间只适用于较精确的计时场合。双 8 位自动重载模式初始化程序:

```
void Timer0Init(void)         //100 微秒@12.000MHz
{
    EA = 1;
    ET0 = 1;
    TMOD = 0x02;              //设置定时器模式,此处为模式 2
```

第3章 单片机中断系统

```
    TL0 = 0x9C;              //设置定时初值
    TH0 = 0x9C;              //设置定时重载值
    TF0 = 0;                 //清除 TF0 标志
    TR0 = 1;                 //定时器 0 开始计时
}
```

此模式下中断服务函数程序：

```
void Timer0() interrupt 1
{
    //功能程序
}
```

对比模式1和模式2，在中断服务函数中，无须再次对 TH0 或 TL0 初值进行重载，可直接设计功能程序。通常情况下，模式2用于波特率发生器（串口通信），但只有 T1、T2 可用作波特率发生器，且无须启动定时器中断；用于这种方式时，定时器作用是提供一个时间基准，详细见3.5节。

3.4 外部中断

本节采用外部中断的方法，通过8051单片机的外部中断0和外部中断1，详细了解中断式按键和硬件按键的区别和优缺点。

3.4.1 外部中断触发方式

外部中断0(INT0)和外部中断1(INT1)有两种触发方式：低电平或下降沿触发。TCON 寄存器中的 IT0/TCON.0 和 IT1/TCON.2 决定了外部中断0和外部中断1是低电平还是下降沿触发。本书的应用中，凡是将外部中断用于按键功能时，均使用下降沿触发方式。下面通过实例对比低电平触发和下降沿触发的状态。

【例1】

外部中断0为低电平触发方式，P3.2 脚外接按钮，当按钮按下时，P3.2 变为低电平，触发中断，仿真电路如图3-6所示。

代码如程序 C3-2 所示。

程序 C3-2：

```
#include"reg52.h"
void INT0_int();
unsigned char code table[] = {0x3f,0x06,0x5b,0x4f,0x66,0x6d,0x7d,0x07,0x7f,0x6f};
unsigned char N = 0;
void main()
{
    INT0_int();
    while(1)
    {
```

第3章 单片机中断系统

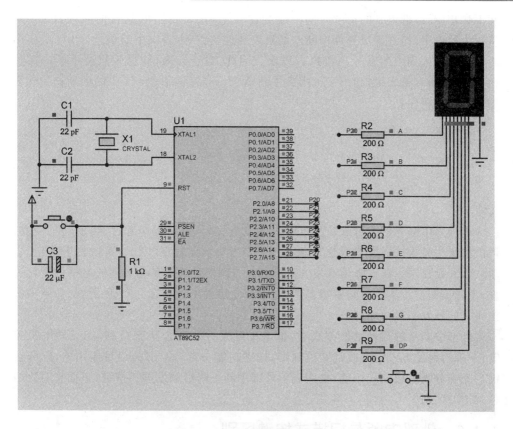

图 3-6 外部中断 0 测试仿真图

```
        P2 = table[N];
    }
}
void INT0_int()
{
    EA = 1;              //开总中断
    EX0 = 1;             //允许外部中断 0 中断
    IT0 = 0;             //低电平触发方式
}
void INT_0() interrupt 0     //外部中断 0 中断服务函数
{
    N = N + 1;
    if(N>9)N = 0;
}
```

外部中断 0 初始化函数 INT0_int() 中,语句 IT0=0 即设置为低电平触发方式。运行仿真时,按下按钮后可发现数码管显示发生变化,但显示的数字可能是 0~9 的任意一个数。这是因为外部中断 0 被设置为低电平触发方式。按钮被按下后,单片机引脚 P3.2 会变为低电平,且这个低电平将持续一段时间。不同人操作按钮的时间不尽相同,但低电平的持续时间一般会在 0.1～0.3 s 之间;这段时间内,P3.2 脚持续为低电平,始终满足外部中断 0 的触发条件,会产生多次中断请求,CPU 响应中断后反复进入到中断服务函数执行程序。因此,对于人来说,尽管只按下了一次按钮,但对于单片机来说,却产生了多次中断请求。若将程序 C3-2 中的中断初始化程序改为如下程序:

```
void INT0_int()
{
    EA = 1;      //开总中断
    EX0 = 1;     //允许外部中断 0 中断
    IT0 = 1;     //下降沿触发方式
}
```

当外部中断 0 触发方式改为下降沿触发方式后,重新编译程序,再次运行仿真,调试结果为每次按下按钮后数字显示加一。当显示到数字"9"时,再次按下按钮,自动从 0 开始显示。在下降沿触发方式下,P3.2 脚检测的是高电平到低电平的变化过程,不管按钮被按下的时间持续多少,电平变化过程始终只有一个,因此,每按下一次按钮只能触发一次中断。

外部中断 0 的两种触发方式中,低电平触发方式适合状态检测,如点动电机控制;下降沿触发方式适合按键式控制,与按键功能一致。本书的项目应用中,部分按键功能部分既有扫描式按键,也用到了外部中断下降沿触发方式按键,下面将对比两种按键的区别。

3.4.2 外部中断与扫描式按键区别

【例 2】

例 1 中的仿真电路不变,P3.2 不再作为外部中断 0 的入口,而作为普通 I/O 检测电平变化。此时按钮按下后,P3.2 仍为低电平,但不会触发中断,通过程序检测判断是否按下右键,程序代码如程序 C3-3 所示。

程序 C3-3:

```
#include"reg52.h"
#include"INTRINS.h"
unsigned char code table[] = {0x3f,0x06,0x5b,0x4f,0x66,0x6d,0x7d,0x07,0x7f,0x6f};
sbit key = P3^2;
unsigned char N = 0;
void Delay200ms();
void main()
{
    while(1)
    {
        P2 = table[N];
        if(key == 0)
        {
```

```
            Delay200ms();
            if(key == 0)
            {
                N ++ ;
                if(N>9)N = 0;
            }
        }
    }
}
void Delay200ms()            //@12.000 MHz
{
    unsigned char i, j, k;
    _nop_();
    i = 2;
    j = 134;
    k = 20;
    do
    {
        do
        {
            while ( -- k);
        } while ( -- j);
    } while ( -- i);
}
```

运行仿真电路,做如下操作:① 按下按钮后松开,可观察到每次按下按钮后数字显示加一;② 按住按钮不放,可观察到数字显示持续加一。

本例通过查询方式检测 P3.2 端口状态,检测是否有按键按下,如果有,须延时一段时间,程序中延时时间为 200 ms;延时过后,再次检查端口状态,若仍为"0",须再执行对应功能程序。此类按键详细程序用法参见 4.3.4 小节。此处延时作用是"延时去抖",目的是避免一段时间内多次检测到 I/O 口低电平,并消除虚按、误按等误操作。单个扫描式按键程序可归纳为 if 语句嵌套形式:

```
if(key == 0)            //第一次检测端口状态
{
    延时 100~200 毫秒
    if(key == 0)        //第二次检测端口状态
    {
        要执行的功能程序
    }
}
```

有多个按键功能时,就有多个 if 嵌套。按键程序既可以直接写在主函数中,也可以写在子函数中。查询式按键可以将任意一个单片机 I/O 口作为按键输入端口,但程序中必须不断查询这些 I/O 口的状态;且当某个按键被持续按下时(对应单片机 I/O 口持续为低电平),会反复执行该按键对应的功能程序。本例中按住 P3.2 对应的按键后,数字显示会持续加一。这种特性导致某个按键按下的时间过短(小于延

第3章 单片机中断系统

时时间)时,端口状态不能被程序检测到电平变化;当某个按键按下时间过长时,将会多次执行对应的功能程序。为避免上述问题的产生,应多次测试硬件电路下最合适的延时时间,一般为 100～200 ms。但在某些情况下,无论怎样修改延时时间,单片机都不能及时检测到 I/O 口电平变化,如下面的例子,将 C3-3 程序中的主函数修改为如下程序:

```
void main()
{
    while(1)
    {
        P1 = 0xaa;
        Delay200ms();
        P1 = 0x55;
        Delay200ms();
        P2 = table[N];
        if(key == 0)
        {
            Delay200ms();
            if(key == 0)
            {
                N++;
                if(N>9)N = 0;
            }
        }
    }
}
```

在之前的程序基础上为 P1 端口增加一个流水灯程序。运行仿真时,多次按下按键,观察显示结果。

通过模拟仿真可知,每次按下按键后,有时候数码管可以马上变化数字显示,有时则不能。这是因为,在执行流水灯程序时,程序中并未执行按键检测的 if 嵌套部分程序,流水灯的持续效果为 400 ms,在这段时间内,无论如何按下,都不能检测到电平变化;当程序执行完流水灯部分程序后向下执行程序,才可检测到端口电平变化,可以正常执行按键对应功能。在不同的项目中,主函数调用的延时函数不尽相同,当延时函数累计时间较长,通常是大于按键扫描延时函数一倍时,便出现上述情况中按键某个时间段失灵的现象。而在一些项目要求中,往往需要单片机可以及时、精准地检测单片机 I/O 口的电位变化,进而执行对应的功能程序。独立式扫描按键及矩阵式扫描按键在原理上一致,都有"延时去抖"这一过程,因此并不能满足一些项目的特殊要求,此时必须使用外部中断式按键,如下面的项目实例。

【例3】

在例2的基础上,电路中增加外部中断1,接法与P3.2引脚相同。仿真电路效果如图 3-7 所示。

在程序 C3-2 基础上增加 P1 端口流水灯效果及外部中断 1 初始化程序和中断

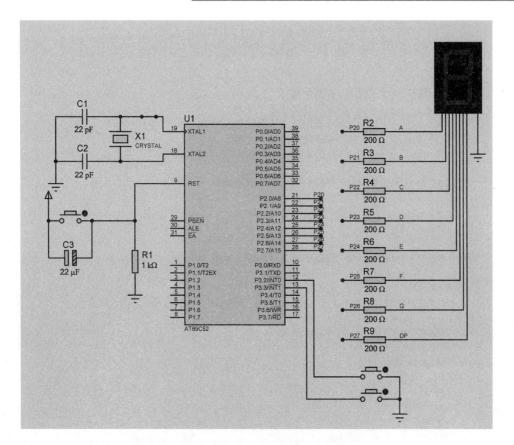

图 3-7 外部中断 0 和外部中断 1 测试电路

服务函数,外部中 0 和外部中断 1 均为下降沿触发方式,代码如程序 C3-4 所示。

程序 C3-4：

```
#include"reg52.h"
#include"INTRINS.h"
unsigned char code table[] = {0x3f,0x06,0x5b,0x4f,0x66,0x6d,0x7d,0x07,0x7f,0x6f};
signed char N = 0;
void INT0_INT1_int();
void Delay200ms();
void main()
{
    INT0_INT1_int();
    while(1)
    {
        P1 = 0xaa;
        Delay200ms();
        P1 = 0x55;
        Delay200ms();
```

```c
        P2 = table[N];
    }
}
void INT0_INT1_int()
{
    EA = 1;              //开总中断
    EX0 = 1;             //允许外部中断0中断
    IT0 = 1;             //外部中断0下降沿触发方式
    EX1 = 1;             //允许外部中断1中断
    IT1 = 1;             //外部中断1下降沿触发方式
}
void INT_0() interrupt 0//外部中断0中断服务函数
{
    N = N + 1;
    if(N>9)N = 0;
}
void INT_1() interrupt 2//外部中断1中断服务函数
{
    N = N - 1;
    if(N<0)N = 9;
}
void Delay200ms()       //@12.000MHz
{
    unsigned char i, j, k;
    _nop_();
    i = 2;
    j = 134;
    k = 20;
    do
    {
        do
        {
            while (--k);
        } while (--j);
    } while (--i);
}
```

运行仿真时,分别按下两个按键,观察显示结果。

外部中断0(P3.2)接口按键执行功能为数码管显示加一,外部中断1(P3.3)接口按键执行功能为数码管显示减一。在本项目中,不管是按下哪个按键,都会立即执行对应功能,尽管在主函数中流水灯程序占用400 ms时间,但并不会影响中断式按键程序检测。

外部中断用作按键功能的优点是响应速度快,当采用下降沿触发方式时,可有效避免误按操作;缺点是单片机外部中断端口较少,传统8051单片机只有两个外部中断接口,增强型单片机中,中断端口有所增加,但数量仍较少。因此,外部中断端口用作按键功能时,应考虑是否需要中断式按键,根据按键功能判断程序是否需要马上执行,将外部中断按键用在最合适的地方。

3.5 UART 串口中断

UART 串口中断是单片机系统的重要组成部分,单片机通过 UART 串口可以与单片机、UART 串口设备、计算机进行数据交换。本书第 8 章"手势遥控车"和第 11 章"888 光立方"项目就是通过单片机 UART 串口与蓝牙串口模块和计算机进行通信。单片机的 UART 串口通信同时又属于中断系统,本节将介绍单片机 UART 串口。

3.5.1 串口波特率及初始化

UART 串口相关寄存器及其功能参见本书 10.2.2 小节,本小节介绍串口的波特率及初始化方案。单片机串口有多种工作方式,但计算机上位机软件及众多 UART 串口设备都使用 8051 单片机串口的方式 1 作为工作方式。这里只介绍方式 1 的波特率计算方法及初始化程序。

使用串口通信时,一个很重要的参数就是波特率,只有上位机与单片机、单片机与单片机、单片机与串口设备的波特率一致时才可以进行正常通信。波特率是指串行端口每秒内可以传输的波特位数。波特率可以通俗地理解为一个设备在一秒钟内发送(或接收)了多少码元的数据。它是对符号传输速率的一种度量,一波特即指每秒传输一个码元符号。波特率越大,单位时间内可传输的数据量就越大,反之亦然。

常见的 9 600 波特率不是每秒种可以传送 9 600 个字节,而是指每秒可以传送 9 600 个二进制位。而一个字节要 8 个二进位,如用串口方式 1 来传输,那么加上起始位和停止位,每个数据字节就要占用 10 个二进位,9 600 波特率用方式 1 传输时,每秒传输的字节数是 9 600 bps/10=960 字节。

单片机串口方式 1 波特率是可变的,取决于定时器 1 或 2(52 芯片)的溢出速率,定时器 1 每溢出一次,串口发送一次数据。可以用下面的公式计算方式 1 的波特率相关的寄存器的值。

传统 8051 单片机及其周期是晶振的 1/12,一般在使用串口工作方式 1 时,波特率的计算公式如下:

$$\text{bps} = \frac{2^{\text{SMOD}} f_{\text{osc}}}{32 \times 12(2^n - X)}$$

其中,bps 为波特率(bit/s),SMOD 为波特率加倍位(PCON.7),n 为单次收发 8 为数据,X 为定时器初值,f_{osc} 为系统时钟频率。

当设定了确定的波特率时,需要计算定时器初值,换算公式为:

$$X = 2^n - \frac{2^{\text{SMOD}} f_{\text{osc}}}{32 \cdot \text{bps} \cdot 12}$$

如果式中设置了 PCON 寄存器中的 SMOD 位为 1,则可把波特率提升 2 倍。定时器

1选择工作在模式2下,这时定时值中的 TL1 用于计数,TH1 作为自动重装值。此定时模式下,定时器溢出后,TH1 的值自动装载到 TL1,再次开始计数,这样可以不用软件去干预,使得定时更准确。在这个定时模式2下定时器1溢出速率的计算公式如下:

$$溢出速率 = (计数速率)/(256 - TH1 初值)$$

$$溢出速率 = f_{osc}/[12 \times (256 - TH1 初值)]$$

其中,计数速率与使用的晶体振荡器频率有关。在51芯片中,定时器启动后会在每一个机器周期使定时寄存器 TH 的值增加一,一个机器周期等于12个振荡周期,因此51芯片的计数速率为晶体振荡器频率的1/12。一个12 MHz 的晶振用在51芯片上,那么计数速率就为1 MHz。本书使用 11.059 2 MHz 时钟频率(或11.059 2 的整倍数)是为了得到标准无误差的波特率,为何不使用12 MHz 或24 MHz 的系统时钟频率呢?下面通过计算说明。

假设要得到9 600 的波特率,使用传统51单片机(机器周期是晶振的1/12),外部晶振 11.159 2 MHz,使用串口工作方式1(异步串口通信),bps = 9 600 bit/s,求定时器1工作在模式2的初值。

当设定 SMOD = 0 时,根据定时器初值计算公式:

$$X = 2^8 - \frac{2^0 \times 11.059\,2 \times 10^6}{32 \times 9\,600 \times 12} = 253$$

转换成十六进制为 0xfd。

当设定 SMOD = 1 时,根据定时器初值计算公式:

$$X = 2^8 - \frac{2^1 \times 11.059\,2 \times 10^6}{32 \times 9\,600 \times 12} = 250$$

转换成十六进制为 0xfa。

当单片机外部晶振为12 MHz 时,用同样的公式分别求得 SMOD = 0、SMOD = 1 时的 X 值,分别为 $X \approx 252.74$ 和 $X \approx 249.49$。上面的计算可以看出,使用12 MHz 晶体的时候计算出来的初值不为整数,而寄存器 TH1 的值只能取整数,这种误差将导致不能产生精确的9 600 波特率,数据不能正常发送和接收。因此,在需要串口中断应用的单片机系统中,晶振频率必须为 11.059 2 MHz 整倍数。

使用定时器1做波特率发生器时初始化程序:

```
void UartInit(void)        //9 600 bps@11.059 2 MHz
{
    SCON = 0x50;           //8位数据,可变波特率(工作在方式1)
    TMOD = 0x20;           //设定定时器1为8位自动重装方式(模式2)
    TL1 = 0xFD;            //设定定时初值
    TH1 = 0xFD;            //设定定时器重装值
    ET1 = 0;               //禁止定时器1中断
    TR1 = 1;               //启动定时器1
}
```

赋值语句"TL1＝0xFD"中的 0xFD 即为根据初值公式求得的值,此处波特率为 9600,晶振频率为 11.0592 MHz。定时器 1 工作在模式 2,且须关闭定时器 1 的中断功能(ET1=0)。此处为传统 8051 单片机的定时器 1 设置方案,本书选用的单片机为 STC 公司的 15 系列增强型单片机,在定时器设置方面完全兼容传统 8051 单片机代码,上述初始化代码完全可以应用在增强型单片机中。但传统单片机的定时器 8 位重载方式并不能支持较高的波特率,在某些需要较高波特率的场合,传统单片机不能满足应用需要,因此须使用增强型单片机的 16 位定时器作为可支持更高波特率发生器,详见本书第 11 章串口功能介绍部分。

3.5.2 串口收发示例程序

本小节通过仿真项目介绍单片机 UART 串口的发送程序和接收程序。仿真电路图如图 3-8 所示。

仿真运行结果:按下按钮后,单片机 U1 数学显示加一,同时单片机 U2 显示数字也同步加一。单片机 U1 的显示数据在按键按下后通过 UART 串口发送到单片机 U2,U2 接收到数据后立即输出显示。

单片机串口发送数据时,须将要发送的数据赋值给串行口数据缓冲寄存器 SBUF,对 SBUF 进行赋值后,单片机将开始发送数据。在方式 1 中,数据发送完毕,最后发送停止位后 TI 由硬件置 1,即 TI=1,响应中断后必须由软件清零。单片机 U1(发送端)程序代码如程序 C3-5-1 所示。

程序 C3-5-1:

```
#include"reg52.h"
void INT0_int();
void Uart_int();
void Send(unsigned char ch);
unsigned char code table[] = {0x3f,0x06,0x5b,0x4f,0x66,0x6d,0x7d,0x07,0x7f,0x6f};
unsigned char N = 0;
void main()
{
    INT0_int();
    Uart_int();
    while(1)
    {
        P2 = table[N];
    }
}
void Uart_int()            //9 600 bps@11.059 2 MHz
{
    ES = 1;
    SCON = 0x50 ;
    TMOD = 0x20 ;
    TH1 = 0xfd ;
    TL1 = 0xfd ;
```

第3章 单片机中断系统

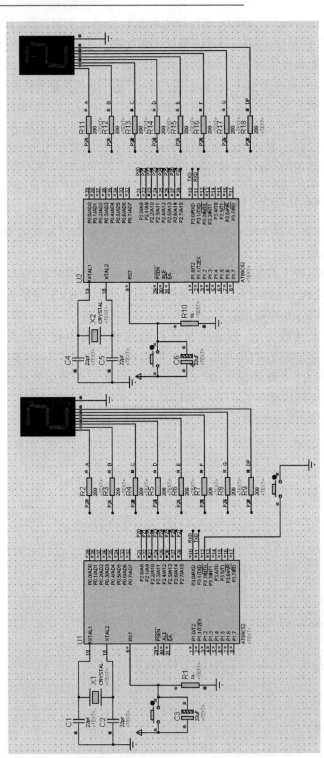

图3-8 串口接收/发送仿真电路图

第3章 单片机中断系统

```
    ET1 = 0;
    TR1 = 1;
}
void Send(unsigned char ch)         //串口发送函数
{
    SBUF = ch;
}
void INT0_int()
{
    EA = 1;
    EX0 = 1;
    IT0 = 1;
}
void Uart() interrupt 4             //串口中断函数
{
    if(TI)TI = 0;                   //将 TI 置 0
}
void INT_0() interrupt 0            //外部中断 0 中断服务函数
{
    N = N + 1;
    if(N>9)N = 0;
    Send(N);                        //发送 N
}
```

本程序中,每发送完一次数据后 TI 置 1 请求中断,因此中断函数中必须将 TI 置 0,串口中断的中断号为"4"。在实际的程序设计中,也可以省去中断函数,改为查询式,如下面的程序:

```
void Send(unsigned char ch)         //串口发送函数
{
    SBUF = ch;
    while(TI == 0);
    TI = 0;
}
```

发送函数中增加了查询 TI 位的状态语句,当 TI 不为 1 时,等待;TI 为 1 时,代表数据发送完毕,执行 TI=0。

单片机串口接收数据时,接收到的数据存储在串行口数据缓冲寄存器 SBUF 中,在方式 1 中,最后接收到停止位后,RI 由硬件置 1,响应中断后必须由软件清零。单片机 U2(接收端)代码如程序 C3-5-2 所示。

程序 C3-5-2:

```
#include"reg52.h"
void Uart_int();
unsigned char code table[] = {0x3f,0x06,0x5b,0x4f,0x66,0x6d,0x7d,0x07,0x7f,0x6f};
unsigned char N = 0;
void main()
{
```

第3章 单片机中断系统

```
        Uart_int();
        while(1)
        {
            P2 = table[N];
        }
    }
    void Uart_int()            //9 600 bps@11.059 2 MHz
    {
        EA = 1 ;
        ES = 1 ;
        SCON = 0x50 ;
        TMOD = 0x20 ;
        TH1 = 0xfd ;
        TL1 = 0xfd ;
        TR1 = 1 ;
    }
    void uart_receive() interrupt 4
    {
        if(RI)
        {
            N = SBUF;          //将接收到的数据赋值给变量N
            RI = 0;            //RI置0
        }
    }
```

中断函数中,语句"N=SBUF"是将接收到的数据赋值给变量,也可以是数组。注意,尽管在发送端和接收端都使用了寄存器 SBUF,但实际上是两个寄存器,它们的名称相同,一个作为只读(接收数据),一个作为只写(发送)寄存器。

3.6 中断过程中的数据存储

假设某工作工序复杂,如3.1.1小节的事件2中工人乙生产型号为B的零件,该零件需要15道大工序,每个大工序又分为10个小工序,而每个小工序又分为3～5个步骤。试想,当工人乙的工作内容更加复杂时,如果遇到打断事件,就不能完全依靠记忆力来记录在哪里停止了工作。而对于单片机,不管是多么简单的程序或复杂程序,它都不具备和人一样的记忆力来记录工作进度。单片机正常执行某一函数(或语句)时,若遇到中断请求,那么当前的数据必然会受到影响,但实际情况是,单片机在经历中断后并不影响以前的程序执行。那么,单片机是如何记录"工作进度"的呢?这就涉及中断过程中数据的存储,本节将介绍堆栈在中断过程中起到的数据存储作用。

下面以程序 C3-1 为例介绍中断过程中的数据存储。程序 C3-1 中,主函数中主要功能语句为数码管显示语句"P2=table[N]",通过 Keil 的 Debug 功能,语句"P2=table[N]"被编译成如图 3-9 所示结果。

第 3 章 单片机中断系统

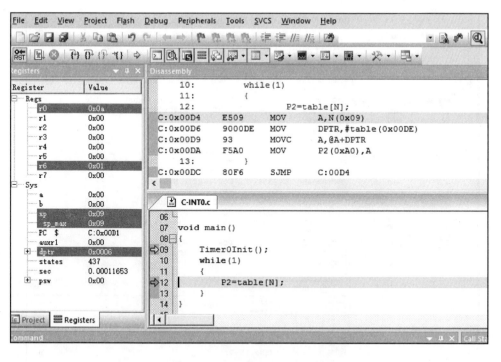

图 3-9 数码管显示语句编译

整理后的汇编程序：

```
MOV     A,N(0x09)
MOV     DPTR,#table(0x00DE)
MOVC    A,@A+DPTR
MOV     P2(0xA0),A
```

程序功能：通过寄存器变址寻址来查询数组内的数据，再通过 P2 口输出显示。注意，程序中用到了寄存器 A。

定时器 0 中断函数编译结果如图 3-10 所示。

整理后的汇编代码如下：

```
PUSH    ACC(0xE0)
PUSH    PSW(0xD0)
MOV     TL0(0x8A),#P3(0xB0)
MOV     TH0(0x8C),#0x3C
INC     Count(0x08)
MOV     A,Count(0x08)
CJNE    A,#0x04,C:00BA
INC     N(0x09)
MOV     Count(0x08),#0x00
MOV     A,N(0x09)
SETB    C
SUBB    A,#N(0x09)
```

第 3 章　单片机中断系统

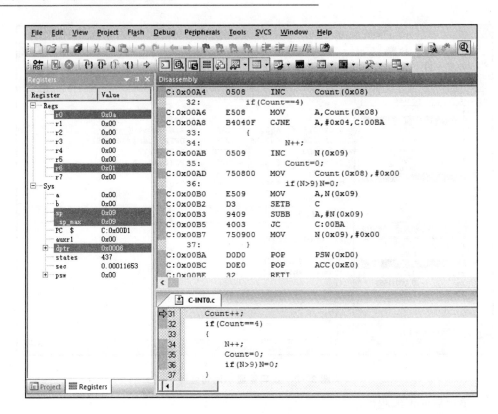

图 3-10　中断函数编译

```
JC      C:00BA
MOV     N(0x09),#0x00
POP     PSW(0xD0)
POP     ACC(0xE0)
RETI
```

　　单片机执行主函数过程中，由于中断定时时间 50 ms 远大于主函数执行周期，因此主函数在执行过程中可在任意一条语处产生中断。假设在主函数中执行"MOVC　A,@A+DPTR"语句后产生中断，此时寄存器 A 中存储的数据为数码管显示字符，中断产生后不再向下执行程序，而是转到中断函数中执行程序。中断函数中，第一句影响寄存器 A 值的语句为"MOV　A,Count(0x08)"，寄存器 A 在单片机中是唯一的，那么是不是这样进行赋值后之前 A 存储的数码管显示字符数据就消失了呢？不是，单片机进入到中函数后会自动保存数据，本程序编译后的中断函数中可看到如下代码：

```
PUSH    ACC(0xE0)
PUSH    PSW(0xD0)
POP     PSW(0xD0)
POP     ACC(0xE0)
```

第3章 单片机中断系统

其中，含有 PUSH 的语句功能为压栈，即将 ACC(寄存器 A 也可写作 ACC)和 PSW 寄存器数据压入到堆栈。堆栈是单片机 RAM 中一段连续的存储空间，用于存储中断过程中需要临时保存的数据；使用 C 语言编程时，编译器自动开辟一段堆栈空间，不同程序中的堆栈起始地址是不同的，除非是汇编语言编程中，程序员可以自行设置堆栈起始地址。此处的堆栈仍然是单片机 RAM 中的一部分空间，其空间大小在程序开始编译时就由编译器决定，作用在响应中断后存储之前程序用到的数据，类似工人用纸条记录自己的工作流程。PUSH 语句将寄存器 A 和程序状态寄存器 PSW 内的数据保持到堆栈中，起到暂存作用，这样进入到中断程序后，不管中断函数中如何改变 A 和 PSW 的数值，中断函数结束后都会通过 POP 出栈指令将之前存储在堆栈内的数据重新赋值给 PSW 和 A 寄存器。程序返回到主函数后，寄存器 A 和 PSW 的值又恢复到了中断前状态，不会影响之前的数据。

综上所述，8051 单片机中断可概括为：CPU 在处理某一事件 A 时发生了另一事件 B，请求 CPU 去处理；CPU 暂时停止当前的工作，对事件 A 的相关数据进行暂存，转去处理事件 B(中断响应和中断服务)；待 CPU 将事件 B 处理完毕后，取回事件 A 所需要的数据，再回到原来事件 A 被中断的地方继续处理事件 A(中断返回)。

由此可见，除了中断系统本身，中断过程中临时数据的存储也至关重要。除去本例程序中"看得到"的数据暂存，如 PUSH ACC、PUSH PSW 语句，单片机系统在产生中断时也会有"看不到"的数据暂存，如将通用工作寄存器(R0～R7)内数据保存到堆栈中，这些由单片机系统自动完成。因此，堆栈的使用空间并不是在编译结果中看到的那样，只使用 2 字节的存储空间来存储寄存器 A 和寄存器 PSW 内的数据，而是需要一定的存储空间来存储寄存器 A、寄存器 PSW、通用寄存器等数据，所以在设计程序时要合理分配单片机 RAM 空间，以便让编译器在编译时可以分配到足够大的堆栈用于暂存数据。

第 4 章

无驱动多位数码管控制

多位数码管显示是单片机控制系统中最常见、最广泛的应用之一。传统的多位数码管采用动态扫描控制方案,即利用人眼的"视觉暂留"原理。在硬件上,为了弥补单片机 I/O 端口驱动能力的不足,通常采用三极管开关电路或驱动 IC 实现功率输出。

本章实现无驱动式数码管控制,不使用任何驱动 IC 或三极管,节约了电路成本和制作难度。由程序实现的动态扫描控制使得整体电路功耗低,工作电流仅有 20～25 mA。

4.1 硬件制作

本节通过实际制作多位数码管控制电路,学习无驱动式数码管控制原理及使用万能板焊单片机系统电路的方法。

1. 元件材料

元件材料清单如表 4-1 所列。

表 4-1 元件材料清单

名 称	数 量	规格/型号	备 注
万能板	1	9 cm×15 cm	
单片机	1	STC25F2K32S2-DIP40	15F2K 系列均可
40pIC 座	1		
DS1302	1		
8pIC 座	1		
电池座	1	2032	
电池	1	2032	
圆柱形晶振	1	32.768 kHz	
微动开关	4	6 mm×6 mm×5 mm	
4 位数码管	1	共阴极	
6p 母座	2	2.54 mm 间距	

第 4 章 无驱动多位数码管控制

续表 4-1

名 称	数 量	规格/型号	备 注
100 Ω 电阻	10	1/4 W	
10 kΩ 电阻	3	1/4 W	
拨动开关	1		
弯排针	4p		
0.1 μF 独石电容	1		
100 μF 电解电容	1		
USB 转 TTL 下载器	1		PL303 或 CH340
杜邦线	4		下载程序和供电

2. 原理图

原理图如图 4-1 所示。其中，R1～R8 可选用 100～200 Ω 的电阻。R9、R10、R11 为上拉电阻，4.7 kΩ、51 kΩ、10 kΩ 均可。数码管为共阴极，不同厂商的封装会有所不同，以实物为准。C1 和 C2 为滤波电容，目的是去除电路中的干扰信号。

3. 制作步骤

① 大致确定好主要元件的布局，DS1302 信号线需要加上拉电阻，VCC2 须连接到电池母座，如图 4-2 所示。注意，布局时要预留出这些元件走线的空间。

② 焊接数码管模块时，走线较为复杂，建议使用母座代替数码管引脚，便于在万能板正面跳线，也可防止焊接时损坏数码管。DS1302 外接晶振需要接地，从而保证工作稳定。单片机母座下方排针功能分别是 VCC、TXD（22 脚）、RXD（21 脚）、GND，作用是连接 USB 转 TTL 模块下载程序，如图 4-3 所示。

③ 焊接好全部元件后，安装好单片机、DS1302 芯片和纽扣电池，电路 VCC、GND 连接到 USB 转 TTL 下载器对应的 VCC、GND，电路板的 TXD 和 RXD 分别连接到下载模块的 RXD 和 TXD（反接），此时便可下载程序。

4. 调试

步骤如下：

① 电路板通过 4p 排针与 USB 转 TTL 下载器相连，连线方式为：电路→下载器、VCC→VCC、TXD→RXD、RXD→TXD、GND→GND。

② STC25 系列单片机在下载程序时，由于芯片本身内置振荡电路，因此需要在下载软件中选择晶振频率，本章所有程序均工作在 11.059 2 MHz 下，如图 4-4 所示。

③ 单击"下载"按钮，拨动微动开关，单片机冷启动自动后开始下载程序。

④ 烧录好程序并上电后，数码管可能显示乱码或其他时间，此时需要手动设置时间。按下 K1 键，时钟进入到设置模式，小时与分钟全部清零，且小时与分钟之间

第 4 章 无驱动多位数码管控制

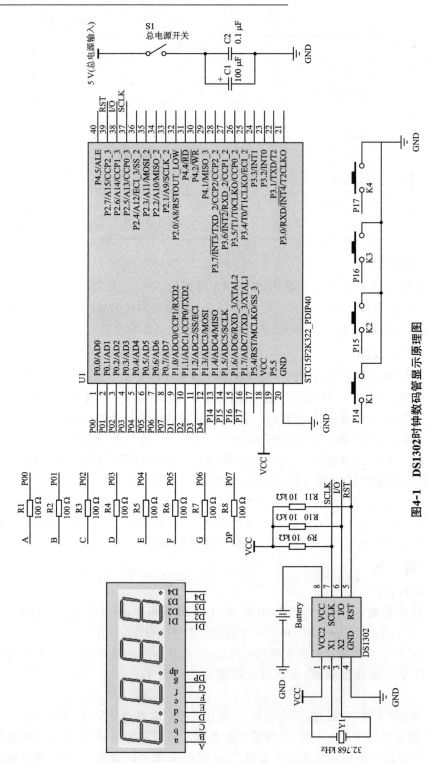

图4-1 DS1302时钟数码管显示原理图

第 4 章 无驱动多位数码管控制

图 4-2 元件布局图

图 4-3 电路焊接图

冒号由常亮变为熄灭，如图 4-5 所示。

按下 K3 键，小时加 1，大于 23 时，小时归零；按下 K4 键，分钟加 1，大于 59 时，分钟归零。设置好时间后，按下 K2 键恢复走时，同时冒号恢复到常亮状态。如图 4-6 所示，当前设置时间为 12:19。

⑤ 观察数码管显示，每隔一分钟时间显示自动加 1。
⑥ 常见故障及解决方法如下：
ⓐ 数码管缺少某个笔画，须检查数码管对应笔画引脚是否与单片机连接好；
ⓑ 数码管显示乱码，须检查 DS1302 上拉电阻是否焊接好。

第4章 无驱动多位数码管控制

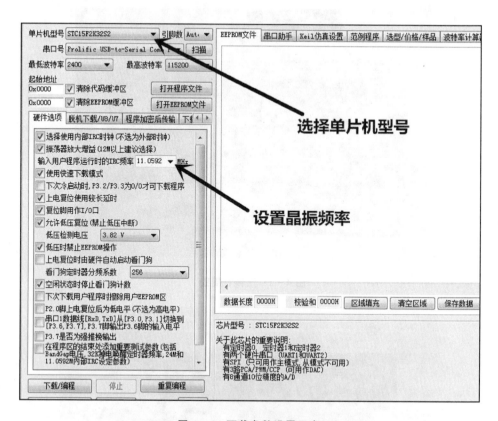

图 4-4 下载参数设置示意

图 4-5 设置模式示意图

第4章 无驱动多位数码管控制

图 4-6 时间设置示意图

4.2 硬件原理

本节通过介绍STC15系列单片机可配置的I/O端口及数码管点亮原理,使读者理解如何实现数码管的无驱动控制方案。

4.2.1 单片机I/O口的电气特性

如图4-7所示,原理图控制方案下数码管未连接任何驱动电路,共阴极公共端直接连接到单片机I/O口。该电路通电后可以显示,但亮度不均匀,这是因为单片机单个I/O端口最多可提供20 mA驱动电流。7段数码管单个笔画工作电流在5~15 mA之间(取决于数码管尺寸),以每段数码管工作电流为10 mA计算,当显示数字"2"时,共有5个笔画(即5段LED发光管工作),此时数码管部分工作电流为50 mA。按此图接法,电流全部由I/O口提供,而单片机单个I/O口最大只能提供20 mA灌电流,平均到每一段笔画只有4 mA,因此不能使数码管正常工作。当显示数字的笔画较少时,亮度会有所提高,但点亮的笔画较多时,整体笔画亮度偏暗,很难分辨所显示数字。

4.2.2 传统三极管驱动的数码管显示电路

单片机I/O口驱动能力都十分有限,无论控制共阴极或是共阳极数码管,都不能达到数码管工作电流要求。为保证数码管正常工作,传统控制中须增加驱动电路,如图4-8所示。

第4章　无驱动多位数码管控制

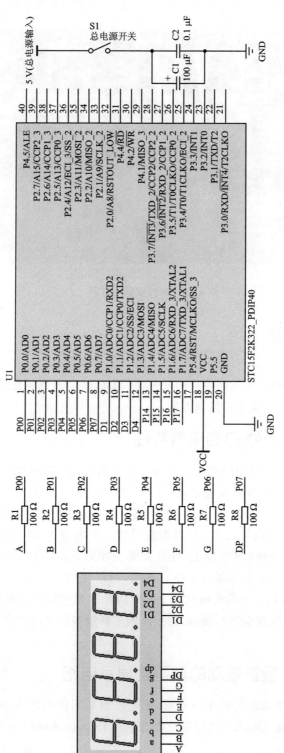

图4-7　数码管控制原理图

第 4 章 无驱动多位数码管控制

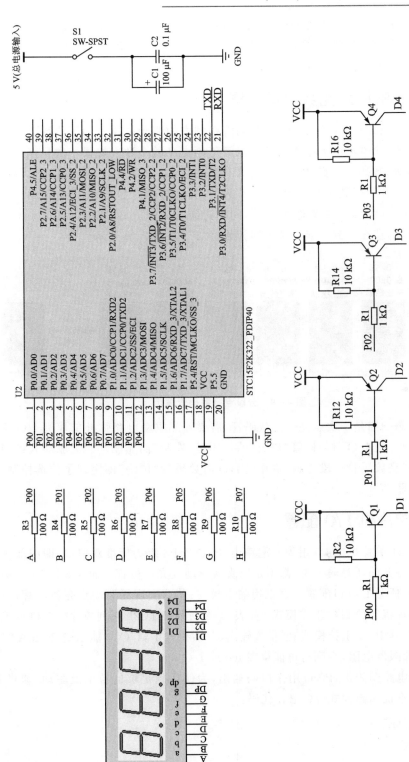

图 4-8 三极管驱动原理图

第 4 章 无驱动多位数码管控制

图 4-8 为 4 位数码管控制电路(共阴极),三极管为 PNP 型,基极输入"0"时导通。此时,数码管公共端电流通过三极管与地形成回路,不再受单片机 I/O 口驱动能力限制,因此数码管可以正常工作。

4.2.3 无驱动点亮数码管原理

由图 4-7 和图 4-8 可知,动态数码管控制中的驱动电路是为了给数码管模块提供足够电流,而电流的大小取决于数码管笔画点亮的个数。如果一次只点亮数码管的一段笔画,数码管回路中的电流被限制在 20 mA 以下,那么便可实现无驱动点亮数码管。以共阴极数码管显示数字"2"为例,其字符码为"0x5B",通过逻辑"与"运算,依次输出 7 段笔画,每段笔画点亮的间隔时间为 100 μs,间隔时间远远小于人眼视觉暂留时间,那么看到的显示结果即为数字"2",如图 4-9 所示。

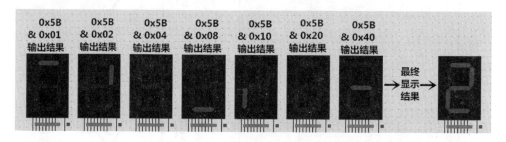

图 4-9 分段点亮数码管演示

传统动态扫描是一次点亮一位数码管,需要外部驱动电路弥补单片机 I/O 驱动不足,此时单片机 I/O 对数码管"位码"的作用是"控制"而非驱动。无驱动式控制方案中,一次点亮数码管一段笔画,单片机 I/O 对数码管"位码"即实现了位选控制,也实现了电流驱动。

4.2.4 单片机 I/O 配置

传统 8051 单片机中 P0 组为开漏输出,P1、P2、P3 组为标准双向口,即内部弱上拉式。不管是开漏还是弱上拉,都不足以直接驱动发光二极管。而在 STC15 系列单片机中,可将任意 I/O 口配置为强推挽输出模式;若要实现无驱动点亮数码管,须更改程序对单片机 I/O 口的工作模式。如表 4-2 所列,STC25 系列单片机 I/O 可工作在 4 种模式,其中,弱上拉模式、强推挽输出、开漏模式下,I/O 均能承受 20 mA 灌电流,但必须加限流电阻,否则有可能烧毁 led 或 I/O 口。

以本章电路图为例,P0 口用作段码输出,为使达到足够的拉电流驱动,须将 P0 口设置为强推挽输出模式。C 语言代码:

```
P0M1 = 0x00;
P0M0 = 0xFF;
```

第4章 无驱动多位数码管控制

在实际编程中,必须包含 STC 官方的 STC25F2K60S2.H 头文件,否则无法直接使用 P1M1、P1M0 寄存器。

表 4-2   I/O 模式配置寄存器

PiM1[7:0]	PiM0[7:0]	I/O 模式
0	0	准双向口,可提供 20 mA 灌电流
0	1	强推挽输出,拉电流达 20 mA
1	0	高阻态,一般作为信号输入
1	1	开漏,内部上拉断开

注:i=1,2,3…

P0 端口被设置为强推挽输出后,可提供 20 mA 上拉电流驱动数码管段码,P1 端口作为位码控制端,可不做设置,单片机默认使其工作在弱上拉模式,无须配置即可直接提供 20 mA 灌电流。

4.3 程序详解

本节介绍无驱动多位数码管控制系统的程序设计,由一位数码管动态控制逐渐拓展到多位数码管动态控制。本节程序中涉及的 DS1302 时钟功能部分详见第 6 章介绍。

4.3.1 一位数码管的传统控制与动态控制

图 4-10 为依据原理图所焊接的实物图,数码管为 4 位共阴极,此时只有一位数码管工作,显示数字"2"。

初始程序 C4-1:

```
#include "STC15F2K60S2.h"        //STC官方头文件
#include "INTRINS.H"
#define LED_s P0                 //定义 P0 为数码管段码输出
#define LED_p P1                 //定义 P1 为位码输出
//共阴极数码管显示字符
unsigned char code Num_table[] = {0x3F,0x06,0x5B,0x4F,0x66,0x6D,0x7D,0x07,0x7f,
                                  0x6f};
void Delay100us();               //100us 延时程序
void main()
{
    P0M1 = 0x00;                 //设置 P0 组端口为强推挽输出模式
    P0M0 = 0xff;
    while(1)
    {
        P1 = 0xfe;               //P1 端口值 11111110,此时 P10 控制的数码管导通,4 位
                                 //数码管只工作一位
```

第 4 章　无驱动多位数码管控制

图 4 - 10　数字"2"显示效果

```
        P0 = Num_table[2]&0x01;   //P0 输出 0x5b&0x01 运算后的值,即输出了第一个笔画
        Delay100us();             //稍做延时,调整此时间可改变数码管亮度
        P0 = 0x00;                //延时后关断,避免产生"鬼影"
        P0 = Num_table[2]&0x02;   //P0 输出 0x5b&0x02 运算后的值,即输出了第二个笔画
        Delay100us();
        P0 = 0x00;
        P0 = Num_table[2]&0x04;   //P0 输出 0x5b&0x04 运算后的值,即输出了第三个笔画
        Delay100us();
        P0 = 0x00;
        P0 = Num_table[2]&0x08;   //P0 输出 0x5b&0x08 运算后的值,即输出了第四个笔画
        Delay100us();
        P0 = 0x00;
        P0 = Num_table[2]&0x10;   //P0 输出 0x5b&0x10 运算后的值,即输出了第五个笔画
        Delay100us();
        P0 = 0x00;
        P0 = Num_table[2]&0x20;   //P0 输出 0x5b&0x20 运算后的值,即输出了第六个笔画
        Delay100us();
        P0 = 0x00;
        P0 = Num_table[2]&0x40;   //P0 输出 0x5b&0x40 运算后的值,即输出了第七个笔画
        Delay100us();
        P0 = 0x00;
    }
}
void Delay100us()                 //@11.0592 MHz
{
    unsigned char i, j;
    _nop_();
    _nop_();
    i = 2;
    j = 15;
```

第 4 章 无驱动多位数码管控制

```
        do
        {
            while(--j);
        } while(--i);
}
```

本程序在原理上解释了数字"2"的字符码是如何通过逻辑"与"运算实现按位输出的,但程序过长,不易阅读和移植。由观察可知,该程序唯一变化的部分是语句"P0=Num_table[2]&0xXX;",即每次"与"的数字不同,若将这些数字存放于数组,便可通过for循环实现优化。

优化后的程序 C4-2:

```c
#include "STC15F2K60S2.h"         //STC 官方头文件
#include "INTRINS.H"
#define LED_s P0                  //定义 P0 为数码管段码输出
#define LED_p  P1                 //定义 P1 为位码输出
//共阴极数码管显示字符
unsigned char code Num_table[] = {0x3F,0x06,0x5B,0x4F,0x66,0x6D,0x7D,0x07,0x7f,
                                  0x6f};
//"与"运算需要的数字存放于此数组中
unsigned char code Sav_table[] = {0x01,0x02,0x04,0x08,0x10,0x20,0x40};
void Delay100us();                //100us 延时程序
void main()
{
    unsigned char i;
    P0M1 = 0x00;                  //设置 P0 组端口为强推挽输出模式
    P0M0 = 0xff;
    while(1)
    {
        P1 = 0xfe;   //P1 端口值 11111110,此时 P10 控制的数码管导通,4 位数码管只工作一位
        for(i=0;i<7;i++)
        {
            P0 = Num_table[2]&Sav_table[i]; //P0 输出 0x5b&Sav_table[i]运算后的值,即
                                            //输出第 i 个笔画
            Delay100us();         //稍做延时,调整此时间可改变数码管亮度
            P0 = 0x00;            //延时后关断,避免产生"鬼影"
        }
    }
}
void Delay100us()                 //@11.0592MHz
{
    unsigned char i, j;
    _nop_();
    _nop_();
    i = 2;
    j = 15;
    do
    {
        while(--j);
```

第4章 无驱动多位数码管控制

```
} while ( -- i);
}
```

拓展实验:改变"P0=Num_table[]&0xXX;"语句中 Num_table[]里面的常量,观察显示变化。

4.3.2 4位数码管显示

在 C4-2 代码基础上显示数字"0123",效果如图 4-11 所示。

图 4-11 显示"1234"效果图

图 4-11 显示效果程序 C4-3:

```
#include "STC15F2K60S2.h"      //STC 官方头文件
#include "INTRINS.H"
#define LED_s P0                //定义 P0 为数码管段码输出
#define LED_p    P1             //定义 P1 为位码输出
//共阴极数码管显示字符
unsigned char code Num_table[] = {0x3F,0x06,0x5B,0x4F,0x66,0x6D,0x7D,0x07,0x7f,
                                  0x6f};
//"与"运算需要的数字存放于此数组中
unsigned char code Sav_table[] = {0x01,0x02,0x04,0x08,0x10,0x20,0x40};
void Delay100us();              //100us 延时程序
void main()
{
    unsigned char i;
    P0M1 = 0x00;                //设置 P0 组端口为强推挽输出模式
    P0M0 = 0xff;
    while(1)
    {
        P1 = 0xfe;              //P1 端口值 11111110,此时 P10 控制的数码管导通,4位
                                //数码管只工作第一位
        for(i = 0;i<7;i++)
```

```c
    {
        P0 = Num_table[0]&Sav_table[i];
        Delay100us();
        P0 = 0x00;
    }
    P1 = 0xfd;          //P1 端口值 11111110,此时 P10 控制的数码管导通,4 位数码管只
                        //工作第二位
    for(i = 0;i<7;i++)
    {
        P0 = Num_table[1]&Sav_table[i];
        Delay100us();
        P0 = 0x00;
    }
    P1 = 0xfb;          //P1 端口值 11111011,此时 P10 控制的数码管导通,4 位数码管只
                        //工作第三位
    for(i = 0;i<7;i++)
    {
        P0 = Num_table[2]&Sav_table[i];
        Delay100us();
        P0 = 0x00;
    }
    P1 = 0xf7;          //P1 端口值 11110111,此时 P10 控制的数码管导通,4 位数码管只
                        //工作第四位
    for(i = 0;i<7;i++)
    {
        P0 = Num_table[3]&Sav_table[i];
        Delay100us();
        P0 = 0x00;
    }
    }
}
void Delay100us()       //@11.0592MHz
{
    unsigned char i, j;
    _nop_();
    _nop_();
    i = 2;
    j = 15;
    do
    {
        while(--j);
    } while(--i);
}
```

本程序显示 4 位数,程序分为 4 部分,分别用于输出数字"0"、"1"、"2"、"3"。同样的,类似于 C4-1 程序,这里利用 for 循环和数组,可以优化为如下代码:

程序 C4-4:

```c
#include "STC15F2K60S2.h"       //STC 官方头文件
#include "INTRINS.H"
```

```c
#define LED_s P0              //定义P0为数码管段码输出
#define LED_p    P1           //定义P1为位码输出
//共阴极数码管显示字符
unsigned char code Num_table[] = {0x3F,0x06,0x5B,0x4F,0x66,0x6D,0x7D,0x07,0x7f,
                                  0x6f};
//"与"运算需要的数字存放于此数组中
unsigned char code Sav_table[] = {0x01,0x02,0x04,0x08,0x10,0x20,0x40};
unsigned char code Led_set[] = {0xfe,0xfd,0xfb,0xf7};    //数码管位扫描控制字符
void Delay100us();            //100us延时程序
void main()
{
    unsigned char i,j;
    P0M1 = 0x00;              //设置P0组端口为强推挽输出模式
    P0M0 = 0xff;
    while(1)
    {
      for(j = 0;j<4;j++)
      {
          P1 = Led_set[j];    //P1端口值 = Led_set[j],P1依次输出0xfe,0xfd,
                              //0xfb,0xf7
          for(i = 0;i<7;i++)
          {
              P0 = Num_table[j]&Sav_table[i];  //依次查数组显示"0""1""2""3",由
                                               //变量j决定
              Delay100us();
              P0 = 0x00;
          }
      }
    }
}
void Delay100us()             //@11.0592MHz
{
    unsigned char i, j;
    _nop_();
    _nop_();
    i = 2;
    j = 15;
    do
    {
        while (--j);
    } while (--i);
}
```

程序C4-4将位码控制字符存在数组Led_set[]中,方便程序调用。两个for循环简洁明了地实现了4位数码管动态显示。

4.3.3 完整显示输出程序(数码管显示部分)

包含DS1302部分的完整程序见本书配套程序,即程序C4-5:

```c
#include "STC15F2K60S2.h"
#include "INTRINS.H"
#define LED_s P0
#define LED_p P1
sbit SCLK = P2^5;           //DS1302 时钟控制
sbit IO = P2^6;             //DS1302 数据口
sbit RST = P2^7;            //DS1302 复位控制
sbit K1 = P1^4;             //按键 1
sbit K2 = P1^5;             //按键 2
sbit K3 = P1^6;             //按键 3
sbit K4 = P1^7;             //按键 4
sbit colon = P0^7;          //冒号控制
//共阴极数码管显示字符
unsigned char code Num_table[] = {0x3F,0x06,0x5B,0x4F,0x66,0x6D,0x7D,0x07,0x7f,
                                  0x6f};
//"与"运算需要的数字存放于此数组中
unsigned char code Sav_table[] = {0x01,0x02,0x04,0x08,0x10,0x20,0x40};
//数码管位扫描控制字符
unsigned char code Led_set[] = {0xfe,0xfd,0xfb,0xf7};
//储存转换后的时间(依次是:小时十位、个位,分钟十位、各位)
unsigned char data Num_buf[4] = {0x00,0x00,0x00,0x00};
//秒  分  时  日  月  星期  年
unsigned char data Time[7] = {0x58,0x12,0x12,0x00,0x00,0x00,0x00};
void DS1302_Initial();
void DS1302_SetTime();
void DS1302_GetTime();
void Delay100ms();
void Delay100us();
void data_prc();
void display();
void K_input();
bit Mode = 0;
unsigned char Min = 0,Hour = 0;
void main()
{
    unsigned char i;
    P0M1 = 0x00;
    P0M0 = 0xff;
    DS1302_Initial();
    while(1)
    {
        if(K1 == 0)                    //首次判断是否右键按下
        {
            Delay100ms();              //延时消除抖动
            if(K1 == 0)                //再次判断,若端口依然为"0",代表有键按下
            {
                Mode = 1;
                for(i = 0;i<7;i++)
                {
                    Time[i] = 0;
```

```
            }
        }
        if(Mode == 0)                 //Mode 等于 0 时,为走时状态
        {
            P1 = 0xfd;
            colon = 1;                //点亮冒号
            DS1302_GetTime();         //读取当前时间
            data_prc();               //数据转换
            display();                //数码管显示
        }
        if(Mode == 1)                 //Mode 等于 1 时,为设置状态,此时调用按键子函数
        {
            data_prc();
            display();
            K_input();                //按键子函数
        }
    }
}
void K_input()
{
    if(K2 == 0)
    {
        if(K2 == 0)
        {
            DS1302_SetTime();         //K2 键按下,将设置好的时间写入到 DS1302
            Mode = 0;                 //使 Mode = 0,返回到走时状态
        }
    }
    if(K3 == 0)
    {
        Delay100ms();
        if(K3 == 0)
        {
            Hour ++ ;                 //K3 键按下,小时加 1
            if(Hour>23)Hour = 0;
        }
        Time[2] = (Hour/10)<<4|(Hour % 10);
    }
    if(K4 == 0)
    {
        Delay100ms();
        if(K4 == 0)
        {
            Min ++ ;                  //K4 键按下,分钟加 1
            if(Min>59)Min = 0;
        }
        Time[1] = (Min/10)<<4|(Min % 10);
    }
}
```

```c
void data_prc()
{
    Num_buf[0] = Num_table[Time[2]/16];
    Num_buf[1] = Num_table[Time[2]%16];
    Num_buf[2] = Num_table[Time[1]/16];
    Num_buf[3] = Num_table[Time[1]%16];
}
void display()
{
    unsigned char i,j;
    for(i = 0;i<4;i++)
    {
        LED_p = Led_set[i];                     //i 控制显示到第几位
        for(j = 0;j<7;j++)
        {
            LED_s = Num_buf[i]&Sav_table[j];    //i 控制输出的 4 个字符
            Delay100us();
            LED_s = 0x00;
        }
    }
}
void Delay100us()                               //@11.0592MHz
{
    unsigned char i, j;
    _nop_();
    _nop_();
    i = 2;
    j = 15;
    do
    {
        while (--j);
    } while (--i);
}
void Delay100ms()                               //@11.0592MHz
{
    unsigned char i, j, k;
    _nop_();
    _nop_();
    i = 5;
    j = 52;
    k = 195;
    do
    {
        do
        {
            while (--k);
        } while (--j);
    } while (--i);
}
```

第4章 无驱动多位数码管控制

对比程序 C4-4 和程序 C4-5,数码管输出部分由"P0=Num_table[j]"变为"LED_s=Num_buf[i]",且两个数组的类型不同,前者是 unsigned char code Num_table[],后者是 unsigned char data Num_buf[4]。code 是将数据存放在单片机程序存储器 ROM 中,data 是将数据存放在 RAM 中。它们都是数组,不同在于定义在单片机 ROM 中的数组一旦烧录到单片机后,不可更改(ROM 只读),断电数据不消失;定义在 RAM 中的数组可当作变量使用,可写入数据也可读出数据,但断电后数据消失。ROM 空间较大,一般是 8~60 KB,RAM 空间十分有限,8051 构架的单片机 RAM 只有 256 字节。因此,需要根据实际情况来确定数组的存储区域,一般固化的数据(如数码管字符)要存放在 ROM 中,动态数据(如时间)存放在 RAM 中。

在子函数 data_prc()中,Num_buf[0]~Num_buf[3]分别存放时间数据中小时的十位、个位,分钟的十位、个位。程序中,可以直接写为 Num_buf[0]=XXXXX 的格式,和全局变量一样,数组区域在 RAM 中。因此,也可以使用如下语句:

① Num_buf[0]++;
② 变量=Num_buf[0];
③ for(i=0;i<4;i++)
Num_buf[i]=XXX;

显示时间时,如果将时间的小时十位、个位,分钟的十位、个位分别用 unsigned char h1,h2,m1,m2 方式代替 unsigned char data Num_buf[4]数组,则也可实现同样功能,但不如存放在数组中方便。显示子函数 display()中,4 个变量存放在数组中,变量 i 实现了数码管位码控制,也实现了段码输出控制。

4.3.4 按键功能

本章的按键功能部分采用的是一对一式的独立按键,单片机 I/O 口上电后默认输出"1",有键按下时,单片机端口与地导通,I/O 口值由"1"变为"0",判断 I/O 口是否为"0"即可知道是否有键按下。程序可写为:

```
if(K1 == 0)
{
        需要执行的语句(子函数);
}
```

但在实际的程序运行过程中会出现按下一次按键,单片机执行多次括号中语句或子函数的情况。这是因为人在按下按键的时候,I/O 为"0"的持续时间为 100~200 ms,在此期间,单片机多次执行 if 条件判断,且都满足条件,于是大括号里的语句(子函数)就被执行了多次。为了避免此现象的发生,在第一次判断后须延时后再次判断,延时时间可设置在 100~200 ms 之间,即人按下按键的持续时间。因此,按键判断程序应写为:

第4章 无驱动多位数码管控制

```
if(K1 == 0)
{
        Delay100ms();
        if(K1 == 0)
            {
                语句(子函数);
            }
}
```

此方法即为"软件延时消除抖动",目的是消除单片机运行速度过快或误按而导致的程序非正常运行。

程序中,变量 Mode 初始值为 0,此时主函数中反复执行下列语句:

```
P1 = 0xfd;
colon = 1;
DS1302_GetTime();
data_prc();
display();
```

此时即为时钟的走时状态。

若 K1 键按下,执行 Mode=1,满足 if(Mode==1),则程序将反复执行下列语句:

```
data_prc();
display();
K_input();
```

此时会调用 K_input()子函数,K2、K3、K4 键按下时才会被识别并执行对应功能。

K_input()中,K3、K4 分别使小时、分钟进行加一操作。K2 作用和 K1 相反,使 Mode=0,同时执行 DS1302_SetTime()子函数,对 DS1302 设置当前时间。Mode 等于 0 后,恢复到走时程序。

第 5 章

无驱动 8×8 点阵控制

LED 点阵可显示数字、英文、汉字、动画图案等，表现力更加丰富，有着广泛的应用，如常见的 LED 广告屏、简易人机交互界面，因此点阵显示在单片机应用中有着重要作用。本章通过学习制作 8×8 点阵的温度计显示来学习无驱动 LED 点阵控制方案。

5.1 硬件制作

1. 元件材料

元件材料清单如表 5-1 所列。

表 5-1 元件材料清单

名 称	数 量	规格/型号	备 注
万能板	1	9 cm×15 cm	
单片机	1	STC15F2K32S2-DIP40	15F2K 系列均可
DS18B20	1		
40pIC 座	1		
8×8 点阵	2	单色	
8p 母座	4	2.54 mm 间距	
10 kΩ 电阻	1	1/4 W	
拨动开关	1		
弯排针	4p		
0.1 μF 独石电容	1		
100 μF 电解电容	1		
USB 转 TTL 下载器	1		PL303 或 CH340
杜邦线	4	母对母	下载程序和供电

2. 原理图

原理图如图 5-1 所示。其中，DS18B20 温度传感器 DQ 引脚的上拉电阻阻值选 4.7 kΩ、51 kΩ、10 kΩ 均可。此原理图单组点阵由独立的发光二极管组成，用于体现驱动原理，不代表 8×8 点阵实物。8×8 点阵实物封装会因厂商而有所不同。

第 5 章　无驱动 8×8 点阵控制

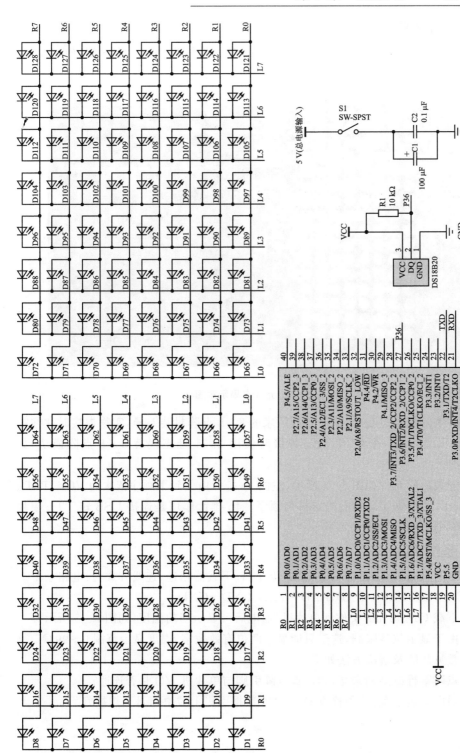

图5-1　温度显示原理图

第5章 无驱动8×8点阵控制

3. 制作步骤

① 两组 8×8 点阵的引脚布局较为复杂,须在万能板预留一定空间,便于跳线,如图 5-2 所示。

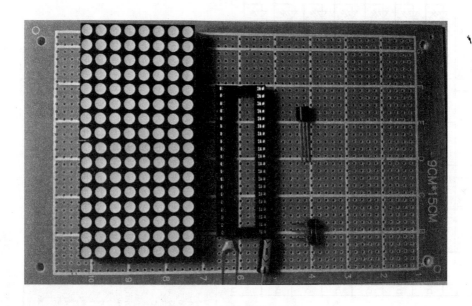

图 5-2 元件布局示意图

② 在实际焊接过程中,由于不同厂家的 8×8 点阵封装差异,实物焊接时往往需要较多的飞线。为方便使用飞线,焊接时使用 2.54 母座代替 8×8 点阵模块,如图 5-3 所示。

③ 安装后的元件如图 5-4 所示,左侧 4p 排针由上到下顺序依次为 VCC、TXD、RXD、GND,可根据实际情况确定排列顺序。4p 排针作用是连接 USB 转 TTL 模块下载程序,拨动开关控制总回路。

4. 系统调试

① 电路板通过 4p 排针与下 USB 转 TTL 下载器相连,连线方式为:电路→下载器、VCC→VCC、TXD→RXD、RXD→TXD、GND→GND。

② 下载 C5-5.hex 文件到单片机,通电后可显示当前温度,如图 5-5 所示。

③ 由于显示位数限制,这里只能显示两位有效数字,温度显示范围 0~99℃。

④ 常见故障及解决方法如下:

ⓐ 点阵某行或某列未亮,须检查点阵引脚与单片机 I/O 是否连通;

ⓑ 通电后显示乱码,须检查 DS18B20 数据引脚上拉电阻是否焊接好。

第 5 章　无驱动 8×8 点阵控制

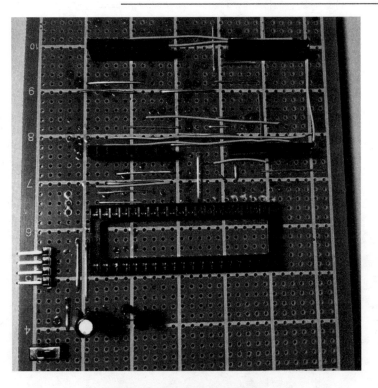

图 5-3　点阵母座焊接示意图

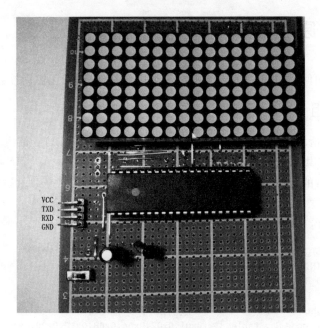

图 5-4　完整系统电路

第5章 无驱动8×8点阵控制

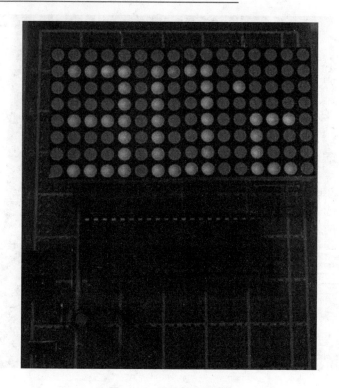

图5-5 温度显示效果

5.2 硬件原理

本节介绍如何通过单片机端口复用实现两组LED点阵无驱动控制。

5.2.1 单组8×8点阵工作原理

如图5-6所示,单片机P0、P1端口控制一组8×8点阵,P0依次连接点阵共阴极,P1连接点阵共阳极。

通过第4章的学习可知,一次只点亮一段笔画,同理,单组8×8点阵一次只点亮一颗LED发光二极管。单列全亮控制代码如程序C5-1所示。

程序C5-1:

```
#include "STC15F2K60S2.h"
#include "INTRINS.H"
#define LED_R P0
#define LED_L    P1
#define Light    0xff        //全亮控制字
unsigned char code Sav_table[] = {0x01,0x02,0x04,0x08,0x10,0x20,0x40,0x80};
//"与"运算需要的数字存放于此数组中
void Delay100us();                    //100μs延时程序
```

第 5 章 无驱动 8×8 点阵控制

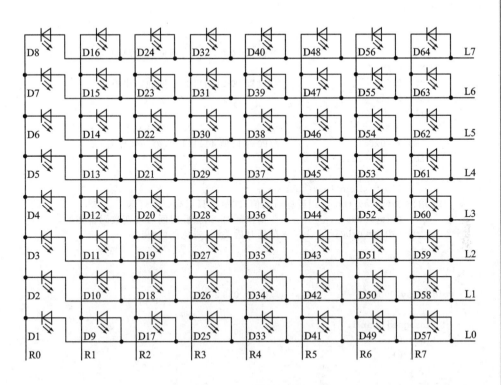

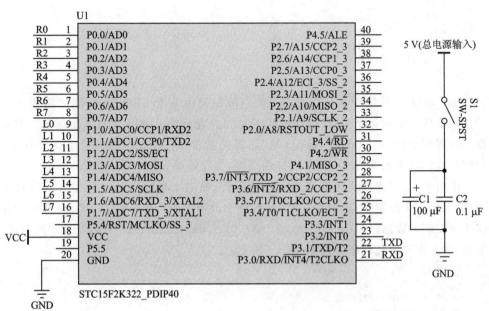

图 5-6 单组 8×8 点阵控制原理图

第5章 无驱动 8×8 点阵控制

```c
void main()
{
    unsigned char i;
    P0M1 = 0xff;                //设置 P0 组端口为强推挽输出模式
    P0M0 = 0xff;
    P1M1 = 0x00;                //设置 P0 组端口为强推挽输出模式
    P1M0 = 0xff;
    while(1)
    {
        LED_R = 0xfe;           //P0 端口值 11111110,第一列导通
        for(i = 0;i<8;i ++ )
        {
            LED_L = Light&Sav_table[i];
//P1 输出 0xff&Sav_table[i]运算后的值,即每次只点亮一个灯珠
            Delay100us();       //稍作延时,调整此时间可改变数码管亮度
            LED_L = 0x00;       //延时后关断,避免产生"鬼影"
        }
    }
}
void Delay100us()               //@11.059 2 MHz
{
    unsigned char i, j;
    _nop_();
    _nop_();
    i = 2;
    j = 15;
    do
    {
        while ( -- j);
    } while ( -- i);
}
```

Sav_table[]数组中共 8 个数,8×8 点阵每列由 8 个 LED 组成,因此需要 8 次"与"运算依次输出每个 LED 灯珠的状态,故 for 循环中 i<8 以实现 8 次循环"与"运算。本程序中和 Sav_table[]数组"与"运算的是常量 0xff(#define Light   0xff),"与"运算的结果均为 0x01,即单列灯珠全亮,实物效果如图 5-7 所示。

单组 8×8 点阵模块可理解为 8 位数码管,而第 4 章的实际电路中有 4 位数码管,只需要 4 个控制字符,但是在 8×8 点阵中共有 8 列(R0~R7)LED,故数组中存放 8 个控制字数据:{0xfe,0xfd,0xfb,0xf7,0xef,0xdf,0xbf,0x7f},以实现 8 列扫描。单组 8×8 点阵全亮程序如程序 C5-2 所示。

程序 C5-2:

```c
#include "STC15F2K60S2.h"
#include "INTRINS.H"
#define LED_R P0
#define LED_L P1
#define Light    0xff              //全亮控制字
```

图 5-7 单列点阵示点亮演示

```
unsigned char code Sav_table[] = {0x01,0x02,0x04,0x08,0x10,0x20,0x40,0x80};
//"与"运算需要的数字存放于此数组中
unsigned char code Led_Row[] = {0xfe,0xfd,0xfb,0xf7,0xef,0xdf,0xbf,0x7f};
//数码管位扫描控制字符
void Delay100us();                  //100 μs 延时程序
void main()
{
    unsigned char i,j;
    P0M1 = 0xff;                    //设置 P0 组端口为推挽模式
    P0M0 = 0xff;
    P1M1 = 0x00;                    //设置 P1 组端口为开漏模式
    P1M0 = 0xff;
    while(1)
    {
       for(j = 0;j<8;j++)
       {
            LED_R = Led_Row[j];
    //P0 端口值 = Led_set[j],P0 依次输出 0xfe 至 0x80,从而控制 1 至 8 位列
            for(i = 0;i<8;i++)
            {
                LED_L = Light&Sav_table[i];
    //Light 依次与数组 Sav_table[]内数值进行与运算,实现逐个点亮
                Delay100us();
                LED_L = 0x00;
            }
       }
    }
}
```

```
void Delay100us()           //@11.0592 MHz
{
    unsigned char i, j;
    _nop_();
    _nop_();
    i = 2;
    j = 15;
    do
    {
        while (--j);
    } while (--i);
}
```

全亮效果如图 5-8 所示。

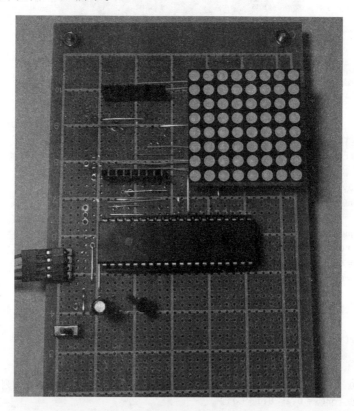

图 5-8　单组 8×8 点阵全亮效果图

5.2.2　传统两组 8×8 点阵控制方案

如图 5-9 所示,控制两组 8×8 点阵时可将阳极并联,由 P2 控制,共阴极分别由 P0、P1 端口控制,即 P0、P1 实现列扫描,P2 口实现字符码输出。此时两组 8×8 点阵需 3 组 I/O 实现控制。

第 5 章 无驱动 8×8 点阵控制

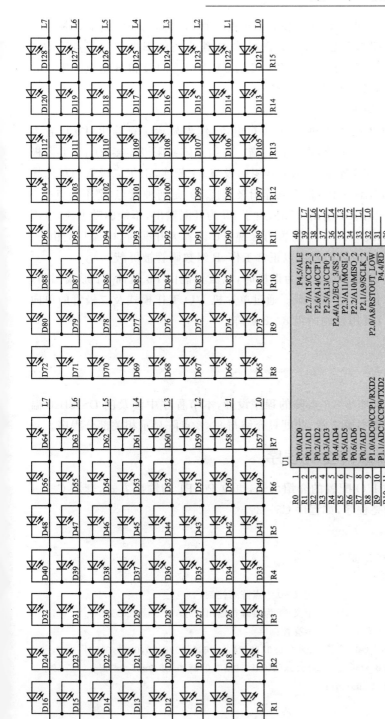

图5-9 温度显示原理图

第 5 章　无驱动 8×8 点阵控制

利用 STC15 系列单片机 I/O 工作模式的可配置性可以优化为两组 I/O 控制方式,即图 5-1 中所示的控制方案。由原理图可知,A 组点阵的阳极和 B 组点阵的阴极并联(即 A 组 R0～R7 分别对应 B 组 L0～L7)、A 组点阵阴极和 B 组点阵阳极并联(即 A 组 L0～L7 分别对应 B 组 R0～R7)。

两组点阵工作、屏蔽原理如下:

P1 口设置为推挽输出时可提供 20 mA 拉电流,作为显示字符输出;P0 设置为开漏模式时可提供 20 mA 灌电流,作为列扫描。A 组点阵共阳极连接 P1 口,共阴极连接 P0 口,可实现 A 组点阵控制。同时,B 组阴极与 P1 相连,由于二极管的单向导通性,因此 P1 输出"1"时,不管 P0(B 组点阵阳极连接 P0)是何种状态,都不会点亮 B 组二极管;当 P1 输出"0"时、P0 输出"1"时,由于 P0 为开漏输出,不能驱动电流,也不能对外正常输出"1"。因此,当 P1 口设置为推挽、P0 设置为开漏时,电流只能由 P1 流向 P0 形成回路,只有 A 组数码管可以正常工作,B 组数码管被屏蔽。

同理,当 P1 设置为开漏、P0 设置为推挽时,电流只能由 P0 流向 P1 形成回路,此时只有 B 组数码管工作,A 组被屏蔽。通过单片机 I/O 工作模式及二极管的单向导电性,可实现两组 I/O 复用控制两组 8×8 点阵。

5.3　程序详解

本节介绍无驱动式两组 8×8 点阵的程序设计,本节程序中涉及的 DS18B20 温度传感器功能部分详见本书第 7 章,此处只介绍与 8×8 点阵显示相关部分程序。

5.3.1　两组 8×8 点阵全亮程序

由 5.2.2 小节中对 I/O 配置的介绍可知,更改 P0、P1 的输出方式,套用 C2-1 程序可写出两组点阵全亮程序,如程序 C5-3:

程序 C5-3:

```
#include "STC15F2K60S2.h"
#include "INTRINS.H"
#define LED_R P0          //定义 P0 为点阵列控制
#define LED_L P1          //定义 P1 为点阵行输出
#define Light   0xff      //全亮控制字
unsigned char code Sav_table[] = {0x01,0x02,0x04,0x08,0x10,0x20,0x40,0x80};
unsigned char code Led_Row[] = {0xfe,0xfd,0xfb,0xf7,0xef,0xdf,0xbf,0x7f};
void DelayXus(unsigned char n);
void main()
{
    unsigned char i,j;
    while(1)
```

```
    {
        P0M1 = 0x00;                    //设置P0组端口为推挽模式
        P0M0 = 0xff;
        P1M1 = 0xff;
        //设置P1组端口为开漏模式——完成A组点阵端口初始化
        P1M0 = 0xff;
        for(j = 0;j<8;j ++ )
        {
            LED_L = Led_Row[j];
            for(i = 0;i<8;i ++ )
            {
                LED_R = Light&Sav_table[i];
                DelayXus(20);
                LED_R = 0x00;
            }
        }
        P0M1 = 0xff;                    //设置P0组端口为开漏模式
        P0M0 = 0xff;
        P1M1 = 0x00;
        //设置P1组端口为推挽模式——完成B组点阵端口初始化
        P1M0 = 0xff;
        for(j = 0;j<8;j ++ )
        {
            LED_R = Led_Row[j];
            for(i = 0;i<8;i ++ )
            {
                LED_L = Light&Sav_table[i];
                DelayXus(20);
                LED_L = 0x00;
            }
        }
    }
void DelayXus(unsigned char n)
{
    while (n-- )
    {
        _nop_();
        _nop_();
    }
}
```

第5章 无驱动 8×8 点阵控制

全亮效果如图 5-10 所示。

图 5-10 两组点阵全亮效果

5.3.2 点阵编码原理

点阵模组若要显示字母、数字、图形,须先进行字符码设计,本章为温度显示,因此通过数字 0~9 的字符设计演示点阵编码原理。在实际显示中,由于需要显示温度个位、十位及"℃"符号,单个数字不能占用过多点阵面积,故设计如图 5-11 所示方案。

图中共分为 A、B 两组 8×8 方格,代表两组 8×8 点阵。空白方格代表输出"0",即未点亮状态,黑色方格代表输出"1",为点亮状态。箭头所指的十六进制数为此列显示时的输出字符,如数字"0"显示由 0x7f、0x41、0x41、0x7f 这 4 个字符组成。每个数字 0~9 由 4×7 点阵组成,故单个数字显示字符为 4 字节。为达到美观和程序简化,"℃"符号同样设计为 4 字节。

0~9 及"℃"字符编码及显示效果如程序 C5-4 所示。

程序 C5-4:

```
#include "STC15F2K60S2.h"
#include "INTRINS.H"
#define LED_R P0              //定义P0为点阵列控制
#define LED_L P1              //定义P1为点阵行输出
unsigned char code Sav_table[] = {0x01,0x02,0x04,0x08,0x10,0x20,0x40,0x80};
unsigned char code Led_Row[] = {0xfe,0xfd,0xfb,0xf7,0xef,0xdf,0xbf,0x7f};
unsigned char data Led_NUM_buf[16] = {0x00,0x00,0x00,0x00,0x00,0x00,0x00,0x00,0x00,
                                      0x00,0x00,0x00,0x00,0x00,0x00,0x00};
```

第 5 章 无驱动 8×8 点阵控制

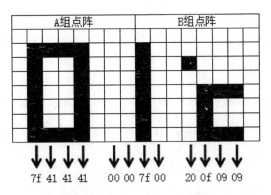

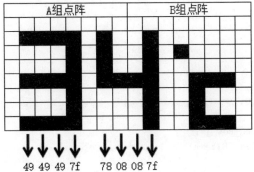

图 5-11 点阵编码示意图

```
unsigned char code Num_tab[11][4] = {
0x7f,0x41,0x41,0x7f,         //0
0x00,0x00,0x7f,0x00,         //1
0x4f,0x49,0x49,0x79,         //2
0x49,0x49,0x49,0x7f,         //3
0x78,0x08,0x08,0x7f,         //4      0～9 字符
0x79,0x49,0x49,0x4f,         //5
0x7f,0x49,0x49,0x4f,         //6
0x40,0x40,0x5f,0x60,         //7
0x7f,0x49,0x49,0x7f,         //8
0x79,0x49,0x49,0x7f,         //9
0x20,0x0f,0x09,0x09          //℃
};
void DelayXus(unsigned char n);//延时程序
void Display();
void Display_data_process();
unsigned char temp = 45;
void main()
{
    while(1)
    {
        Display_data_process();
        Display();
```

第5章 无驱动 8×8 点阵控制

```c
        }
    }
    void Display_data_process()
    {
        unsigned char i,j;
        for(i=1,j=0;i<5;i++,j++)
        Led_NUM_buf[i] = Num_tab[temp/10][j];         //显示 temp 变量十位
        for(i=6,j=0;i<10;i++,j++)
        Led_NUM_buf[i] = Num_tab[temp%10][j];         //显示 temp 变量个位
        for(i=11,j=0;i<15;i++,j++)
        Led_NUM_buf[i] = Num_tab[10][j];              //显示 "℃"
    }
    void Display()
    {
        unsigned char i,j;
        P0M1 = 0x00;
        P0M0 = 0xff;
        P1M1 = 0xff;
        P1M0 = 0xff;
        for(j=0;j<8;j++)
        {
            LED_L = Led_Row[j];
            for(i=0;i<8;i++)
            {
                LED_R = Led_NUM_buf[j]&Sav_table[i];
                DelayXus(20);
                LED_R = 0x00;
            }
        }
        P0M1 = 0xff;
        P0M0 = 0xff;
        P1M1 = 0x00;
        P1M0 = 0xff;
        for(j=0;j<8;j++)
        {
            LED_R = Led_Row[j];
            for(i=0;i<8;i++)
            {
                LED_L = Led_NUM_buf[j+8]&Sav_table[i];
                DelayXus(20);
                LED_L = 0x00;
            }
        }
    }
    void DelayXus(unsigned char n)
    {
        while(n--)
        {
            _nop_();
            _nop_();
```

        }
}

C5-4.hex 下载运行后,显示"45℃"。实物显示效果如图 5-12 所示。

图 5-12 测试显示效果

运用二维数组存放数据,可使数据更直观、易用。程序 C5-4 将 0~9 及"℃"字符编码存储到 unsigned char code Num_tab[11][4]数组中,"11"代表 0~9 和"℃"共 11 个显示单元,"4"代表每个单元有 4 个数据。应用实例:

【例1】

```
P0 = Num_tab[0][0];          //P0 输出数组中第 1 个数据,即 7f
P0 = Num_tab[2][3];          //P0 输出数组中第 12 个数据,即 79
```

【例2】

```
unsigned char i,j;
for(i = 0;i<11;i ++ )
{
    for(j = 0;j<4;j ++ )
    {
        P0 = code Num_tab[i][j];
    }
}
```

第 5 章　无驱动 8×8 点阵控制

功能：P0 依次输出数组中的所有数据。

拓展训练：改变程序中 temp 变量的值，重新编译并下载到单片机，观察显示结果。

5.3.3　数据处理与显示缓存

运行程序 C5-4 后实物电路显示"45℃"，数字"45"由程序中变量 temp 决定，"45℃"的显示字符存放在 unsigned char data Led_NUM_buf[16]数组中。Led_NUM_buf[16]数组为显示缓存数组，单组 8×8 点阵占用 8 字节，两组需 16 字节。查询数组 Num_tab[11][4]对应字符存放到 Led_NUM_buf[16]中，Led_NUM_buf[0]～Led_NUM_buf[15]与两组 8×8 点阵的 1～16 列一一对应。

Display_data_refurbish()子函数每次执行后刷新数组 Led_NUM_buf[16]内的数据，数据的变化由变量 temp 决定。同时，Display()子函数显示数据依次从 Led_NUM_buf[16]读出，Led_NUM_buf[]数组的作用是存放 temp 处理后的十位、个位显示字符。Display_data_refurbish()子函数第一个 for 循环的语句"Led_NUM_buf[i]=Num_tab[temp/10][j]"，作用是求出温度十位(temp/10)，因第一竖列不亮，故循环中变量 i 值范围为 1～4，即 Led_NUM_buf[1]～Led_NUM_buf[3]存放温度十位显示字符。同理，第二个 for 循环中，因第六竖列不亮，变量 i 的值范围为 6～10，temp%10 取余保留个位，即 Led_NUM_buf[6]～Led_NUM_buf[9]存放温度个位显示字符。

摄氏度符号"℃"属于显示常量，不随 temp 值变化而变化，因此第三个 for 循环中语句"Led_NUM_buf[i]=Num_tab[10][j]"中的"10"为常量，固定不变。

5.3.4　完整功能程序

完整功能程序中，temp 变量是温度传感器测量到的实际温度数据，范围是 0～99，程序代码如下：

程序 C5-5：

```
#include "STC15F2K60S2.h"
#include "INTRINS.H"
#define LED_R P0
#define LED_L P1
sbit DQ = P3^6;
unsigned char code Sav_table[] = {0x01,0x02,0x04,0x08,0x10,0x20,0x40,0x80};
unsigned char code Led_Row[] = {0xfe,0xfd,0xfb,0xf7,0xef,0xdf,0xbf,0x7f};
unsigned char data Led_NUM_buf[16] = {0x00,0x00,0x00,0x00,0x00,0x00,0x00,0x00,0x00,
                                      0x00,0x00,0x00,0x00,0x00,0x00,0x00};
unsigned char data temp_buf[2] = {0x00,0x00};
unsigned char code Num_tab[11][4] = {
0x7f,0x41,0x41,0x7f,      //0
0x00,0x00,0x7f,0x00,      //1
```

```c
0x4f,0x49,0x49,0x79,        //2
0x49,0x49,0x49,0x7f,        //3
0x78,0x08,0x08,0x7f,        //4
0x79,0x49,0x49,0x4f,        //5
0x7f,0x49,0x49,0x4f,        //6
0x40,0x40,0x5f,0x60,        //7
0x7f,0x49,0x49,0x7f,        //8
0x79,0x49,0x49,0x7f,        //9
0x20,0x0f,0x09,0x09         //℃
};
void Display();
void Display_data_refurbish();
void DS18B20_Reset();
void DS18B20_WriteByte(unsigned char dat);
void Temperature_get();
void DelayXus(unsigned char n);
unsigned int   temp;
void main()
{
    while(1)
    {
        DS18B20_Reset();                    //DS18B20 设备复位
        DS18B20_WriteByte(0xCC);            //跳过 ROM 命令
        DS18B20_WriteByte(0x44);            //开始转换命令
        while (! DQ);                       //等待温度转换完成
        DS18B20_Reset();                    //设备复位
        DS18B20_WriteByte(0xCC);            //跳过 ROM 命令
        DS18B20_WriteByte(0xBE);            //读存储器命令
        Temperature_get();                  //温度数据读取
        Display_data_refurbish ();          //刷新显示
        Display();                          //8×8 点阵扫描显示
    }
}
void Display_data_refurbish ()
{
    unsigned char i,j;
    for(i = 1,j = 0;i<5;i++ ,j++ )
    Led_NUM_buf[i] = Num_tab[temp/10][j];    //显示 temp 变量十位
    for(i = 6,j = 0;i<10;i++ ,j++ )
    Led_NUM_buf[i] = Num_tab[temp%10][j];    //显示 temp 变量个位
    for(i = 11,j = 0;i<15;i++ ,j++ )
    Led_NUM_buf[i] = Num_tab[10][j];         //显示"℃"
}
void Display()
{
    unsigned char i,j;
    P0M1 = 0x00;
    P0M0 = 0xff;
    P1M1 = 0xff;
    P1M0 = 0xff;
```

```c
        for(j = 0;j<8;j++)
        {
            LED_L = Led_Row[j];
            for(i = 0;i<8;i++)
            {
                LED_R = Led_NUM_buf[j]&Sav_table[i];
                DelayXus(20);
                LED_R = 0x00;
            }
        }
    P0M1 = 0xff;
    P0M0 = 0xff;
    P1M1 = 0x00;
    P1M0 = 0xff;
     for(j = 0;j<8;j++)
        {
            LED_R = Led_Row[j];
            for(i = 0;i<8;i++)
            {
                LED_L = Led_NUM_buf[j+8]&Sav_table[i];
                DelayXus(20);
                LED_L = 0x00;
            }
        }
}
void DelayXus(unsigned char n)              //延时子函数
{
    while (n--)
    {
        _nop_();
        _nop_();
    }
}
void DS18B20_Reset()                         //DS18B20 初始化程序
{
    DQ = 0;
    DelayXus(480);
    DQ = 1;
    DelayXus(60);
    DelayXus(420);
}
void Temperature_get()                       //连续从 DS18B20 读 2 字节数据
{
    unsigned char i,j;
    for(j = 0;j<2;j++)
    {
        for (i = 0; i<8; i++)                //一次读取一位,8 次为一字节
        {
            temp_buf[j] >>= 1;               //数据右移一位
            DQ = 0;                          //拉低总线
```

第 5 章　无驱动 8×8 点阵控制

```c
            DelayXus(1);                    //延时等待
            DQ = 1;                         //准备接收
            DelayXus(1);                    //接收延时
            if (DQ) temp_buf[j] |= 0x80;    //读取数据
            DelayXus(60);                   //等待总线复位
        }
    }
    temp = temp_buf[1];                     //提取温度数值高8位
    temp = temp<<8;                         //数据右移
    temp = temp + temp_buf[0];              //提取温度数据低8位
    temp = temp>>4;                         //右移4位,略去小数部分
    if(temp>99)temp = 99;
    if(temp<0)temp = 0;
}
void DS18B20_WriteByte(unsigned char dat)   //向DS18B20写一字节数据
{
    unsigned char i;
    for (i = 0; i<8; i++)                   //一次输出一位,8次为一字节
    {
        DQ = 0;                             //拉低总线
        DelayXus(1);                        //延时等待
        DQ = dat&0x01;                      //送出数据
        DelayXus(60);                       //延时等待
        DQ = 1;                             //恢复数据线
        dat = dat>>1;
        DelayXus(1);                        //恢复延时
    }
}
```

第 6 章

迷你时钟

第 4 章初步接触了 DS1302 时钟芯片及时钟显示程序,本章通过迷你时钟的制作进一步学习 DS1302 时钟芯片功能及 LCD1602 液晶显示。本项目可显示年、月、日、星期、小时、分钟、秒,并可设定闹钟。项目电路简单,便于制作调试。

6.1 硬件制作

本节通过介绍 LCD1602 时钟显示电路的制作过程和调试方法,学习 1602 液晶屏及 DS1302 时钟芯片控制方案。

1. 元件材料

元件材料清单如表 6-1 所列。

表 6-1 元件材料清单

名 称	数 量	规格/型号/封装	备 注
万能板	1	9×15 cm	
单片机	1	STC15F2K32S2-DIP40	15F2K 系列均可
40pIC 座	1		
DS1302	1		
8pIC 座	1		
电池座	1	2032	
电池	1	2032	
圆柱形晶振	1	32.768 kHz	
微动开关	5	6×6×5 mm	
LCD1602	1	5 V	
16p 母座	1	2.54 mm 间距	
10 kΩ 电阻	3	1/4 W	
可调电阻 10 kΩ	2	卧式	

第6章 迷你时钟

续表 6-1

名 称	数 量	规格/型号/封装	备 注
拨动开关	1		
弯排针	4p		
0.1 μF 独石电容	1		
100 μF 电解电容	1		
USB 转 TTL 下载器	1		PL303 或 CH340
杜邦线	4		下载程序和供电

2. 原理图

原理图如图 6-1 所示。市面上出售的液晶模块按工作电压分为 5 V 和 3.3 V 两种，本章使用 5 V 液晶模块。蜂鸣器为有源蜂鸣器，通电即可鸣叫。

3. 制作步骤

① 如图 6-2 所示，确定好主要元件位置，LCD1602 液晶屏 DB7～DB0 与单片机 P1.7～P1.0 端口对齐。

② 焊接实物时，LCD1602 和 DS1302 均使用排针母座代替元件，方便焊接布局，也可避免焊接温度过高、焊接时间过长导致元器件损坏。焊接好的电路如图 6-3 所示。

③ 安装好 LCD1602、单片机、DS1302、电池等，如图 6-4 所示。

4. 电路调试

① 下载程序时，晶振设定为 11.059 2 MHz。

② 时间的"秒"单位可正常变化即为正常工作。按下 K1 键，停止走时进入到时间设置模式；按下 K2 键，可分别在年、月、日、星期等时间单位之间切换，切换到某单位时，则以 0.3 s 时间间隔闪烁。K3、K4 键为时间加、减键。设定完时间后，再次按下 K1 键，则时钟恢复到走时状态。K5 键为闹钟开关设置键，当有"→"符号显示时，代表闹钟开启。时钟时间与预设闹钟时间相同时，蜂鸣器鸣叫；闹钟鸣叫过程中，按下 K5 键可消除闹钟蜂鸣器鸣叫。

③ 第一次下载程序时，由于单片机的 EEPROM 未曾保存正确的时间数据，所以会导致时间和闹钟启动标识显示乱码，只须进入到设置模式重新设置时间参数即可恢复到正常状态。

下载好程序并正常工作的系统如图 6-5 所示。

④ 常见故障及解决方案如下：

ⓐ 液晶屏幕有显示，且显示可变，但乱码，须检查 DS1302 上拉电阻是否焊接好；

ⓑ 时钟工作正常，断电一段时间后再次通电，显示时间和当前时间不同步，说明 DS1302 备用电源电池未连接好或电池电量不足。

第 6 章 迷你时钟

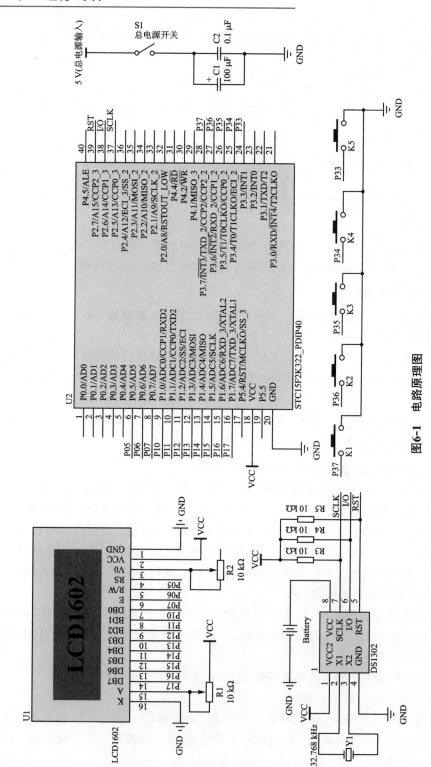

图6-1 电路原理图

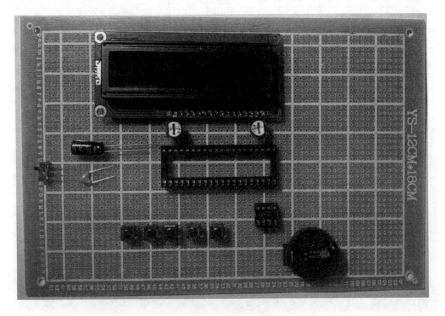

图 6-2 元件布局图

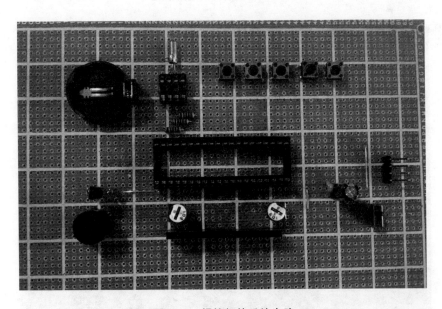

图 6-3 焊接好的系统电路

第 6 章 迷你时钟

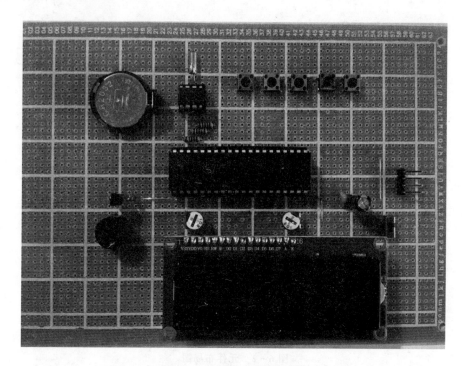

图 6-4 组装好的电路系统

图 6-5 系统工作示意图

6.2 硬件原理

本节介绍 LCD1602 显示原理及 DS1302 时钟芯片相关参数,涉及 EEPROM 功能的内容详见第 7 章。

6.2.1 LCD1602 液晶原理

1. LCD1602 液晶功能简介

LCD1602 型液晶屏是一款专门用于显示字母、数字、符号的点阵式 LCD,第 2 章已经介绍了 8×8 LED 点阵控制原理,LCD1602 可理解成由多个 8×8 LED 点阵组成的显示屏。LCD 1602 分为有背光和无背光两种,工作电压分为 5 V 和 3.3 V,需要根据实际情况选择。本章节涉及的 LCD1602 为 5 V、蓝色背光,注意,有无背光及工作电压并不影响其程序控制。

2. LCD1602 引脚功能

有背光 LCD1602 为 16 个脚,无背光为 14 个脚,下面以有背光的 16 脚液晶屏为例来介绍,引脚标识如表 6-2 所列。

表 6-2 LCD1602 引脚符号及功能

编 号	符 号	引脚功能	编 号	符 号	引脚功能
1	VSS	电源地	9	D2	双向数据端口
2	VDD	电源正极	10	D3	双向数据端口
3	V0	对比度调整端	11	D4	双向数据端口
4	RS	寄存器选择	12	D5	双向数据端口
5	R/W	读写信号线	13	D6	双向数据端口
6	E	使能控制	14	D7	双向数据端口
7	D0	双向数据端口	15	A	背光源正极
8	D1	双向数据端口	16	K	背光源负极

引脚功接线介绍:

第 1 脚:VSS 接电源地。

第 2 脚:VDD 接 5 V 电源正。

第 3 脚:V0 为液晶显示器对比度调整端,直接接电源正极时对比度最弱,直接接电源地时对比度最高。对比度过低则字体颜色较浅,较高则阴影过重,不利于看清显示字符,使用时可串联 10 kΩ 可调电阻,用于调整对比度。

第 4 脚:RS 为寄存器选择,直接与单片机 I/O 相连,给高电平时选择数据寄存器,给低电平时选择指令寄存器。

第 5 脚:R/W 为读/写信号线,直接与单片机 I/O 相连,给高电平时进行读操作,

第6章 迷你时钟

给低电平时可进行写操作。

第6脚:E端为使能端,直接与单片机 I/O 相连,由高电平跳变成低电平时,液晶模块执行命令。

第7～14脚:D0～D7 为 8 位双向数据线,直接与单片机一组 I/O 相连,连接时注意数据位标识。如与单片机 P1 端口相连时,D0～D7 依次与 P1.0～P1.7 相连。如与普通 8051 单片机的 P0 口相连,则须在 P0 口加上拉电阻。若与增强型单片机(如 STC12、STC15 系列单片机)P0 口相连,须通过软件将 P0 配置为弱上拉模式。

第15脚:背光源正极,连接 10 kΩ 左右可调电阻,可进行亮度调节。

第16脚:背光源负极,直接接地。

3. LCD1602 液晶屏显示原理

LCD1602 可显示 2 行,每行 16 个字符,共 32 个字符。每个字符分别对应不同的 DDRAM(display data RAM)地址,用户向 DDRAM 中送入不同的 ASCII 值,液晶屏对应显示不同字符。

例如,当用户在第一行第一个位置显示大写字母 A 时,只需向 DDRAM 中的 00 地址写入大写字母 A 的 ASCII 值即可。通过对照 ASCII 表可知道常用符号的 ASCII 码(如大写字母 A 的 ASCII 值为 41),但在 Keil 的编译环境下显示字符时,编译过程中会直接将字符编译为 ASCII。

4. LCD1602 控制指令

LCD1602 并不能直接向其 DDRAM 送入数据进行显示,由于液晶屏具备一些特有功能,需要通过指令进行配置后才可显示。LCD1602 液晶模块内部的控制器共有 11 条控制指令,如表 6-3 所列。

表 6-3 LCD1602 指令功能表

指令序号	指令功能	RS	R/W	D7	D6	D5	D4	D3	D2	D1	D0	执行时间
1	清显示	0	0	0	0	0	0	0	0	0	1	1.64 ms
2	光标返回	0	0	0	0	0	0	0	0	1	*	1.64 ms
3	设置输入模式	0	0	0	0	0	0	0	1	I/D	S	40 μs
4	显示开/关控制	0	0	0	0	0	0	1	D	C	B	40 μs
5	光标或字符移位	0	0	0	0	0	1	S/C	R/L	*	*	40 μs
6	设置功能	0	0	0	0	1	DL	N	F	*	*	40 μs
7	设置字符发生存储器地址	0	0	0	1	字符发生存储器地址						40 μs
8	设置数据存储器地址	0	0	1	显示数据存储器地址							40 μs
9	读忙标志或地址	0	1	BF	计数器地址							40 μs
10	写数到 CGRAM 或 DDRAM	1	0	要写的数据内容								40 μs
11	从 CGRAM 或 DDRAM 读数	1	1	读出的数据内容								40 μs

LCD1602 液晶屏指令介绍：

指令1：指令码01，清除 LCD1602 中 DDRAM 的内容，即清除所有显示数据。

指令2：光标复位，光标返回到地址 00H，即第一行段首位置。

指令1与指令2发送后需要较长延时，否则不能实现其功能。稳妥起见，发送指令1或指令2后可延时 5 ms。

指令3：光标和显示模式设置。I/D：光标移动方向，高电平右移，低电平左移。S：屏幕上所有文字是否左移或者右移。高电平表示有效，低电平则无效。

指令4：显示开关控制。D：控制整体显示的开与关，高电平表示开显示，低电平表示关显示。C：控制光标的开与关，高电平表示有光标，低电平表示无光标。B：控制光标是否闪烁，高电平闪烁，低电平不闪烁。在不使用光标时，通常设置代码为 0C。

指令5：光标或显示移位 S/C，高电平时移动显示的文字，低电平时移动光标。

S/C	R/L	功能
0	0	光标左移1格，且 AC 值减1
0	1	光标右移1格，且 AC 值加1
1	0	显示器上字符全部左移一格，但光标不动
1	1	显示器上字符全部右移一格，但光标不动

指令6：功能设置命令：

DL	0 数据总线为4位	1 数据总线为8位	
N	0 显示1行	1 显示2行	
F	0 5×7 点阵/每字符	1 5×10 点阵/每字符	

通常在设置 LCD1602 时，DL=1，N=1，F=0，控制码为38。

指令7：字符发生器 RAM 地址设置，用于显示自定义图形，如显示汉字时须开启此功能。由于 LCD1602 没有汉字字库，需要人为设计汉字字符码，而 LCD1602 有专门的字符发生器 RAM(CGRAM)来存放自定义字符码。

指令8：置显示地址，第一行为 00H~0FH，第二行为 40H~4FH，显示自定义字符时的地址。

指令9：读忙信号和光标地址 BF，为忙标志位，高电平表示忙，此时模块不能接收命令或者数据；如果为低电平，则表示不忙。

指令10：写数据。

指令11：读数据。

指令3~指令11执行时间为 40 μs，程序设计中建议给出 50~60 μs 的延时。

5. LCD1602 控制程序

LCD1602 第 7~14 脚(DB0~DB7)为数据引脚，通过与单片机端口相连可向其发送指令或读/写数据。图 6-1 中，P1 口与数据引脚相连，数据通过 P1 口传输。LCD1602 规定，引脚 6(E)由高电平向低电平变化的一个周期内，LCD1602 与单片机

第6章 迷你时钟

进行数据交换。

例：

```
sbit E = P0^7;
E = 1;
P1 = 0x38;
Delay60us();
E = 0;
```

程序分析：E 由 1 变为 0 持续了 60 μs，符合至少 40 μs 的时间，此时 P1 将指令 38 发送给 LCD1602 的数据端口。但此时依然不能实现完整的控制功能，还须借助引脚 4(RS) 和引脚 5(R/W) 来区分是发送控制命令还是发送（读取）显示数据。

向 LCD1602 写控制指令数据时：RS=0，R/W=0，E 由高到低下降沿变化。

向 LCD1602 写数据时：RS=1，R/W=0，E 由高到低下降沿变化。

读取地址计数器数据时：LCD1602 写控制指令数据时，RS=0，R/W=1，E=1。

读取 LCD1602 数据时：LCD1602 写控制指令数据时，RS=1，R/W=1，E=1。

实际控制程序应用举例如下：

【例1】 向 LCD1602 发送命令 38(8 位数据传输、2 行显示)，程序为：

```
sbit RS = P0^5;
sbit RW = P0^6;
sbit E = P0^7;
RS = 0;
RW = 0;
E = 1;
P1 = 0x01;
```

【例2】

向 LCD1602 发送清屏命令，程序为：

```
sbit RS = P0^5;
sbit RW = P0^6;
sbit E = P0^7;
RS = 0;
RW = 0;
E = 1;
P1 = 0x01;
Delay60us();
E = 0;
```

【例3】

向 LCD1602 写一个数据，程序为：

```
RS = 1;
RW = 0;
E = 1;
P1 = Data;            //Data 为要写入的数据
```

```
Delay60us();
E = 0;
```

在实际的程序编写中需要向 LCD1602 发送不同的控制命令和数据,为了减少程序代码和提高阅读性、可移植性,将 LCD1602 指令发送程序和数据读/写程序设计为有参函数。程序代码如下:

显示屏命令写入函数:

```
void LCD_write_cmd(unsigned char cmd)
{
    RS = 0;
    RW = 0;
    E = 1;
    P1 = cmd;
    Delay60us();
    E = 0;
}
```

函数声明中的 cmd 即为要发送的控制字符,用法如下:

清屏指令:

```
LCD_write_cmd(0x01);
```

LCD1602 工作方式设定:

```
LCD_write_cmd(0x38);
```

使用有参函数的优点是一个子函数可以传递不同数据(指令)。同样的,LCD1602 主要功能是字符显示,需要不断写入显示字符,也可将数据写入,程序设计为:

```
void LCD_write_Data(unsigned char Data)
{
    RS = 1;
    RW = 0;
    E = 1;
    P1 = Data;
    Delay60us();
    E = 0;
}
```

Data 可以是十六进制 ASCII 码,也可以是数组某个具体的数据,如:

```
LCD_write_Data(0x41);        //41 为大写字母"A"的 ASCII
LCD_write_Data(table[i]);    //改变 i 的值,可调用数组中任意一个数据
```

6. LCD1602 字符显示程序

若想在某一位置显示字符,只须向此位置所在的 DDRAM 写入数据即可。LCD1602 通过指令 8 实现 DDRAM 地址设置。8 位数据中,最高位永远为"1",后 7

第6章 迷你时钟

位为 DDRAM 的实际地址,第一行为 00~0F,第二行为 40~4F,程序 C3-1 中用法如下:

```
LCD_write_cmd(0x80);           //第一行第一个位置
LCD_write_Data('A');           //第一行第一个位置显示"A"
LCD_write_cmd(0xC1);           //第二行第二个位置
LCD_write_Data(table[1]);      //第二行第二个位置显示"B"
```

实物显示效果如图 6-6 所示。

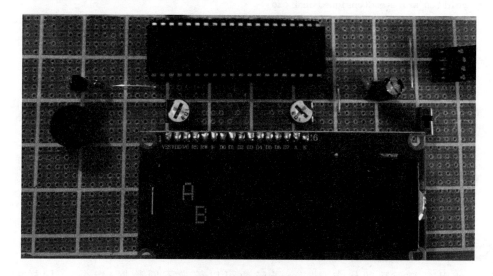

图 6-6 测试程序显示效果

例 1 的程序分析如下:

向 LCD1602 发送指令 80,即确定显示位置是在第一行第一个字符处,DDRAM 地址为 80h+00h,然后向此地址发送要显示的字符"A";向 LCD1602 发送指令 C1,即确定显示位置是在第二行第二个字符处,DDRAM 地址为 80h+41h,然后向此地址发送要显示的字符"B",B 存储在数组 table[]中,因此也可以写为 LCD_write_Data(table[1])。在第一行显示时,调用 LCD_write_cmd(unsigned cha cmd)时 cmd 的取值范围是 80h~8FH;在第二行显示时,cmd 取值范围为 C0H~CFH,考虑到实际应用中可能单独使用第一行或单独第二行,可将连续字符写入函数,代码如下:

(完整代码见本书配套资料中的程序 C6-1)

```
void LCD_write_char(unsigned char y,unsigned char x,unsigned char Data)
{
    if (y == 0)
    {
        LCD_write_cmd(0x80 + x);
    }
    else
    {
```

```
        LCD_write_cmd(0xC0 + x);
    }
        LCD_write_Data( Data);
}
```

其中,y 为行控制,y=0 时,在第一行显示;y=1 时在第二行显示。x 为横向位置,取值范围 0~15,依次对应 1~16 个字符位置。调用此函数时可写为:

```
LCD_write_char(0,5,table[6]);
```

功能:设置显示在第一行,左数第 6 位置显示字母"G"。

```
LCD_write_char(1,6,table[7]);
```

功能:设置显示在第二行,左数第 7 位置显示字母"H"。
显示效果如图 6-7 所示。

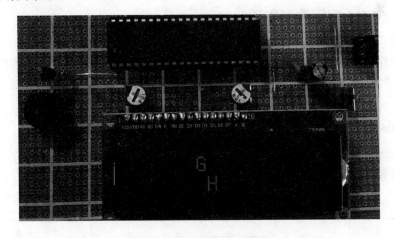

图 6-7 测试程序显示效果

若需要全屏显示,则使用 2 次 for 循环即可实现,程序如下:
(完整代码见配套资料中的程序 C6-2)

```
unsigned char i;
for(i = 0;i<16;i++)
{
    LCD_write_char(0,i,table[i]);
}
for(i = 0;i<16;i++)
{
    LCD_write_char(1,i,table[i + 16]);
}
```

第一个 for 循环实现在第一行 1~16 位置依次显示数值中前 16 个字符,第二个 for 循环实现在第二行 1~16 位置依次显示数值中后 16 个字符。

拓展训练:修改 table 数组的内容,如改为"Hello World",下载程序到单片机并观察显示结果。

6.2.2 DS1302 时钟芯片

DS1302 时钟芯片是较为常用的实时时钟芯片，本小节主要介绍实际应用中的参数、注意事项及编程应用。

1. DS1302 时钟芯片简介

DS1302 是美国 DALLAS 推出的一种高性能、低功耗的实时时钟芯片，附加 31 字节静态 RAM，采用 SPI 三线接口与单片机进行同步通信，并采用突发方式一次传送多个字节的时钟信号和 RAM 数据。实时时钟提供秒、分、时、日、星期、月、年时间数据，可自动调整一个月份中的 30 或 31 天，自带闰年补偿功能，工作电压为 2.5~5.5 V。

2. DS1302 应用注意事项

时钟芯片与单片机 I/O 连接时须加上拉电阻，阻值可为 4.7 kΩ、5.1 kΩ、10 kΩ，否则不能保证正常通信；偶尔可正常通信，但极不稳定，尤其在与单片机连接线路过长时，几乎无法正常读取数据。外接晶振外壳需要接地，否则易受干扰而导致时钟误差较大。

3. DS1302 数据寄存器

DS1302 的时钟数据读取及功能设置通过内部寄存器实现，本小节程序涉及的内部寄存器名称及功能如表 6-4 所列。

表 6-4 DS1302 寄存器地址及功能

读寄存器	写寄存器	BIT7	BIT6	BIT5	BIT4	BIT3	BIT2	BIT1	BIT0	数值范围
81H	80H	CH	秒十位			秒个位				00~59
83H	82H		分钟十位			分钟个位				00~59
85H	84H	24 小时制(0)		小时十位		小时个位				0~23
85H	84H	12 小时制(1)		AM/PM	小时十位	小时个位				0~12
87H	86H	0	0	日十位		日个位				1~31
89H	88H	0	0	0	月十位	月个位				1~12
8BH	8AH	0	0	0	0	0	星期			1~7
8DH	8CH	年十位				年个位				0~99
8FH	8EH	WP	0	0	0	0	0	0	0	—

读寄存器依次为秒、分、时、日、月、星期、年寄存器，DS1302 产生的实时时间存储

在这些寄存器中,用户只须读取出这些地址内的数据即可得到时间,如 81H 寄存器里读取到的时间单位为秒。写寄存器分为秒、分、时、日、月、星期、年,用户自行设置的时间及设置的工作方式须存储到这些寄存器中,如用户设设置时间为 12 时 58 分,须将 12 保存到 84H 寄存器,将 58 保存到 83H 寄存器。

80H 寄存器(秒数据)最高位 CH 为时钟芯片启动控制位,该位为"1"时,时钟振荡器停止工作;为"0"时,时钟开始运行。

84H 最高位为 24 小时制和 12 小时制选择位,默认为"0",工作在 24 小时制;为 1 时,工作在 12 小时制。

8EH 寄存器为 DS1302 控制寄存器,通过最高位(即 WP 位)实现 DS1302 是否允许被操作。其余 7 位均为"0"。若想对 DS1302 进行读/写等操作,WP 必须为 0,即向 8EH 寄存器发送"00"指令;不需要操作 DS1302 时,须向 8EH 寄存器发送"80"指令。

4. DS1302 操作流程

由于 DS1302 芯片使用的 SPI 通信协议和广义上的 SPI 通信有所不同,本书中只介绍 DS1302 的 SPI 通信方式。本小节完整代码见程序 C3-4。

DS1302 通过引脚 6(I/O 脚)与单片机传输数据,一次只能传输一位数据,连续传输 8 次可接收一字节数据。一字节数据读取程序如下:

```
Sbit    SCLK = P2^5;     //DS1302 时钟控制
Sbit    IO = P2^6;       //DS1302 数据口
sbit    RST = P2^7;      //DS1302 复位控制
unsigned char DS1302_ReadByte()
{
    unsigned char i,dat = 0;
    for (i = 0; i<8; i ++)
    {
        SCLK = 0;
        _nop_();
        _nop_();
        dat >> = 1;
        if (IO) dat |= 0x80;
        SCLK = 1;
        _nop_();
        _nop_();
    }
    return dat;
}
```

在 SCLK 由"0"到"1"的一个变化周期内(上升沿),DS1302 的引脚 6 会溢出数据信号,一字节数据按由低到高方式溢出。当溢出的数据为"1"时,与 DS1302 相连的单片机 I/O 脚 P2^6 也会变为"1",因此程序中需要判断是否为"1",故写为"if (IO) dat |=0x80",从而保留每次读取到的数据"1"。由于每次读取到的数据"1"都被保

第6章 迷你时钟

存到变量 dat 最高位中。因此读取数据之前需要右移一位，将 dat 最高位空出以保存即将读取到的数据，如第一次读取到一个"1"，执行"dat |= 0x80"运算后"dat = 0x80(10000000)"，执行 dat>>1 后，"dat = 0x40(01000000)"。

在使用右移指令时，系统自动给变量 dat 补"0"，所以 DS13026 溢出数据为"0"时，可以不判断是否为"0"，直接将数据右移一位即可。本段程序中，for 循环内为一位数据读取器，循环 8 次即为读取一字节。

本函数为有返回值的函数，可写为"temp = DS1302_ReadByte();"。假设读取到的一字节数据为 50H，语句执行后，temp 值即为 50H。也可以理解为，temp(实际程序中可以是变量或数组)的值等于函数执行后的结果。

向 DS1302 写一字节数据与读取一字节数据类似，程序如下：

```
Sbit    SCLK = P2^5;    //DS1302 时钟控制
Sbit    IO = P2^6;      //DS1302 数据口
sbit    RST = P2^7;     //DS1302 复位控制
void DS1302_WriteByte(unsigned char dat)
{
    unsigned char i;
    for (i = 0; i<8; i++)
    {
        SCLK = 0;
        _nop_();
        _nop_();
        IO = dat&0x01;
        dat >>= 1;
        SCLK = 1;
        _nop_();
        _nop_();
    }
}
```

在 SCLK 由"0"到"1"的一个变化周期内(上升沿)，DS1302 的引脚 6 会读取单片机 P2^6 溢出信号。和读数据一样，向 DS1302 写数据时，一次只能写一位数据，顺序依然是由低到高，"IO = dat&0x01"即为保存 dat 数据的最低位，执行"dat >>= 1"后，数据整体右移一位，为下一次传送数据做准备。循环 8 次后，单片机完成一字节数据的写入。

DS1302 工作时，分为数据读取和数据写入，两种情况下分别针对不同的地址进行操作。当读取时间的"秒"时，读取的是 81H 寄存器内数据；当用户在调整"小时"时，调整好后的数据须写入到寄存器 84H 中。这样就有了两种操作方式：① 从某地址读出数据；② 从某地址写入数据。操作流程如下：

```
SCLK = 0;
_nop_();
_nop_();
RST = 1;
```

```
_nop_();
_nop_();
```

这是向 DS1302 发送一个地址数据。

向这个地址写数据(控制寄存器 8EH 为 00H 时)/读取数据(控制寄存器 8EH 为 80H 时)：

```
SCLK = 1;
RST = 0;
```

在 SCLK 由"0"到"1"的一个变化周期内可完成对 DS1302 寄存器的读或写操作。操作顺序是先发送地址,再读或写数据,在此期间 RST 必须置"1";读/写数据完毕,RST 再复位到"0"。当向 DS1302 发送的地址数据为读数据寄存器时,如向 DS1302 发送地址 81H(81H 为读寄存器),不能往里写入数据,只能读出里面存储的时间,此时只能调用读一字节数据函数。若向 DS1302 发送地址 80H(80H 为写寄存器),此时必须调用写一字节数据函数。

总结：发送寄存器地址后是读数据还是写数据取决于发送的寄存器地址是"可读"的还是"可写"的,同时也取决于 8EH 内的控制字,为 00H 时,可向芯片写时间数据；为 80H 时,只能从芯片读时间数据。为了程序书写和调用方便,将数据读取函数和数据写入函数分开设计。

读 DS1302 某地址的数据函数：

```
unsigned char DS1302_ReadData(unsigned char addr)
{
    unsigned char dat;
    SCLK = 0;
    _nop_();                        //延时等待
    _nop_();
    RST = 1;
    _nop_();                        //延时等待
    _nop_();
    DS1302_WriteByte(addr);         //写地址
    dat = DS1302_ReadByte();        //读数据
    SCLK = 1;
    RST = 0;
    return dat;
}
```

DS1302_WriteByte(addr)中的 addr 可以是读寄存器中的任意一个地址,如执行"temp=DS1302_ReadData(0x81)"后,temp 的值就是时钟的"秒"数据；若"temp=DS1302_ReadData(0x8D)",temp 的值就是时钟的"年"数据。寄存器地址由 addr 决定,地址内的数据返回给 temp 变量或数组等待处理。

往 DS1302 的某个地址写入数据函数：

```
void DS1302_WriteData(unsigned char addr, unsigned char dat)
{
```

```
    SCLK = 0;
    _nop_();
    _nop_();
    RST = 1;
    _nop_();
    _nop_();
    DS1302_WriteByte(addr);
    DS1302_WriteByte(dat);
    SCLK = 1;
    RST = 0;
}
```

addr 为寄存器地址,dat 为要写入的数据。例如,当用户设置好时间为 12:31 后,小时的"12"需要存储到写寄存器 84H 中,分钟的"31"需要写入到写寄存器 82H 中。事例代码如下:

```
void DS1302_WriteData(0x84, 0x12);
void DS1302_WriteData(0x82, 0x31);
```

有了这些基础子函数即可对 DS1302 进行完整的操作。程序操作流程如图 6-8 所示。

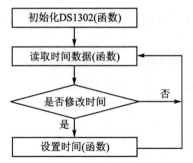

图 6-8　DS1302 程序流程图

DS1302 初始化函数:

```
void DS1302_Initial()
{
    DS1302_WriteData(0x8e, 0x00);   //允许写操作
    DS1302_WriteData(0x80, 0x00);   //时钟启动
    DS1302_WriteData(0x8e, 0x80);   //写保护
}
```

第一步向控制寄存器 8EH 发送 00H 后,可对 DS1302 进行数据写入操作;然后向秒寄存器 80H 写入数据 00H,之后 DS1302 开始工作,此时可读出芯片的时间数据;最后向控制寄存器 8EH 发送 80H,锁定 DS1302 芯片,此时不能对其进行写数据操作,只能读出芯片内数据。

读取 DS1302 时间函数:

```
void DS1302_GetTime()
{
```

```
    unsigned char i,addr = 0x81;

    for(i = 0;i<7;i++)
    {
        Time[i] = DS1302_ReadData(addr);
        addr + = 2;
    }
}
```

这里分 7 次读取数据,每次读到的数据依次以秒、分、时、日、月、星期、年的顺序存储到 Time 数组中,addr 初值为 81H,即秒寄存器地址。每次读取后加 2,为下一时间单位寄存器地址。

设置 DS1302 时间函数:

```
void DS1302_SetTime()
{
    unsigned char i,addr = 0x80;
    DS1302_WriteData(0x8e, 0x00);    //允许写操作
    for(i = 0;i<7;i++)
    {
        DS1302_WriteData(addr, Time[i]);
        addr + = 2;
    }
    DS1302_WriteData(0x8e, 0x80);    //写保护
}
```

执行 DS1302_WriteData(0x8e,0x00)后,控制寄存器 8EH 内的数据为 00H,此时向 DS1302 内写数据,此处将数组 Time 的时间数据依次以秒、分、时、日、月、星期、年的顺序存储到 DS1302 中。addr 初值为 80H(即秒寄存器地址),增量为 2,为下一时间单位寄存器地址。向 DS1302 写完数据后,应将 8EH 内数据写为 80H,让 DS1302 恢复到只读模式。

5. DS1302 数据格式与数据处理

DS1302 寄存器中读出的数据是 BCD 码格式的。以时间单位分钟为例,若 83H 寄存器读出的数据为 52H,则此时分钟数为 52。尽管在阅读上与十进制读法一致,但必须注意,寄存器中读出的数据是 16 进制格式,也必须以 16 进制 BCD 码的格式向 DS1302 写入,否则会导致数据紊乱。寄存器中读出的 16 进制 BCD 码格式与十进制对照关系如图 6-9 所示。

读出的数据	0x52							
二进制格式	0	1	0	1	0	0	1	0
对应的十进制	十进制十位:5				十进制个位:2			

图 6-9 BCD 与十进制数据对照

第6章 迷你时钟

可见,以时间分钟数据为例,BCD码转十进制可写为:

temp = Time[1]/16 * 10 + Time[1] % 16

十进制转BCD码可写为:

Time[1] = (temp/10)<<4|(temp%10)

6.3 程序详解

本节介绍LCD1602液晶显示及DS1302数据处理、按键功能、闪烁显示功能(完整代码见配套资料中的程序C6-3),涉及EEPROM应用部分的程序在第7章中详细介绍。

6.3.1 程序结构

主函数中调用了一些初始化程序,这些程序只需在程序开始时调用一次即可。Delay100ms()的作用是单片机上电后做略微延时,此期间可让液晶屏等其他模块正常上电,一般情况下可不加此延时函数,但当系统内模块较多,尤其是部分模块需要较长上电时间方可正常工作时,此处的延时的函数尤为重要。

1. P0端口设置为弱上拉模式

```
P0M1 = 0x00;
P0M0 = 0x00;
```

LCD1602的3根控制线及闹钟三极管开关电路都由P0端口控制,因此须配置为弱上拉模式。

2. DS1302初始化函数DS1302_Initial()

DS1302初始化程序中对控制寄存器8EH和80H寄存器进行操作,操作顺序:

```
DS1302_WriteData(0x8e, 0x00);    //允许写操作
DS1302_WriteData(0x80, 0x00);    //时钟启动
DS1302_WriteData(0x8e, 0x80);    //写保护
```

此处的初始化函数是必须的,先允许DS1302写操作,才能向80H写入00H,进而启动时钟。启动时钟后,需对DS1302进行写保护,即进入到只读模式,此时只能读取DS1302内的时钟数据而不能对其进行数据写入。

3. while(1)循环

死循环while(1)分为两种工作模式,当"Mode==0"时,进入到模式0,即时钟运行模式,此时执行DS1302_GetTime()函数和Data_Process()函数,不断读取DS1302内的数据并刷新到显示缓存数组中,通过Dis_play()函数进行显示。模式0

下,执行 Alarm_switch()函数,用于设定闹钟是否启动。Alarm_cpntrol()函数用于比较当前时间和闹钟设定时间,当两者相同时,蜂鸣器鸣叫,鸣叫时间为 1 min。

当"Mode==1"时,进入到模式 1,即时钟设置模式,此时通过 key_input()函数修改时间数据,并进行数据存取等功能。模式 0 或模式 1 通过按键 K1 切换。

6.3.2 显示缓存数组 Play_buf 功能

LCD1602 中的时间显示格式为:

20XX/XX/XX   XXXX
XX:XX:XX → XX:XX

LCD1602 既有实时数据显示部分,也有固定字符显示部分,这里的 XX 为实时时钟数据,随时间变化而变化;"20"、"/"、":"、" "(空格)为固定显示,不随时间变化改变。为便于修改、调整显示内容,将 LCD1602 内的显示数据存储在数组 Play_buf[32]中,共占 32 字节 RAM 空间,数组与 LCD1602 的 32 个显示字符位置一一对应。程序运行时,只须刷新 Play_buf 的内容即可改变显示字符内容。

子函数 LCD_init_diplay()将固定显示内容写入到数组 Play_buf 中,如LCD1602 左起显示年份开头"20",程序中体现为:

```
Play_buf[0] = Num[2];
Play_buf[1] = Num[0];
```

年、月、日显示由"/"分隔,程序中体现为:

```
Play_buf[4] = Sgn[0];      //年与月份之间的分隔符
Play_buf[7] = Sgn[0];      //月与日之间的分隔符
```

部分区域不做任何显示,如年、月、日与星期中,两字符之间的"空"显示,程序中体现为:

```
Play_buf[7] = Sgn[0];
Play_buf[10] = Sgn[2];
```

主程序中执行 DS1302_GetTime()函数后,数组 Time[0]~Time[6]中依次存放 BCD 码格式的秒、分、时、日、月、星期、年时间数据,Time[7]、Time[8]存放闹钟的分钟、小时数据。子函数 Data_Process()将 Time 数组的 BCD 码转换为十进制数据格式,如年份数据处理程序:

```
Play_buf[2] = Num[Time[6]/16];
Play_buf[3] = Num[Time[6]%16];
```

Play_buf[2]对应 LCD1602 中第三个显示字符,即年份十位。Time[6]/16 是将读取到的年份数据保留十位,假设"Time[6]=0x15,Time[6]/16"结果为"1",此时"Play_buf[2]=Num[1]"功能为存储字符"1"到 Play_buf[2]中。Time[6]%16 是将

第6章 迷你时钟

读取到的年份数据保留个位,Time[6]%16 结果为"5",此时"Play_buf[3]=Num[5]"即存储字符"5"到 Play_buf[3]中。

Data_Process()函数依次处理所有时间数据后送入到 Play_buf 数组,从而等待 Dis_play()显示函数按顺序调用 Play_buf 内的数据进行显示。

6.3.3　LCD1602 显示程序

Dis_play()为 LCD1602 显示子函数,通过两个 for 循环实现。第一个 for 循环输出第一行 16 个字符,第二个 for 循环输出第二行 16 个字符。LCD1602 的字符显示位置与数组 Play_buf 一一对应,第一行依次对应 Play_buf[0]~Play_buf[15],第二行依次对应 Play_buf[16]~Play_buf[31]。

第一个 for 循环中,LCD_write_char(0,i,Play_buf[i])中,"0"表示显示在LCD1602 第一行;i 每次增量为 1,取值范围 0~15,依次对应第一行 16 个字符DDRAM 地址,即 80H+i;同时 i 增量决定 Play_buf[i]数组内数据的输出。第二个for 循环与第一个 for 循环用法一致,不同的是 Play_buf[i]要改写为 Play_buf[i+16],因为第二行的数据存储在 Play_buf[16]~Play_buf[31]中,故数据首地址为i+16。

6.3.4　按键程序

1. K1 键功能

K1 键用于切换模式 0 或模式 1,程序默认工作在模式 0 下,此时调用按键输入功能函数 key_input()就能实现模式切换,程序如下:

```
if(Mode == 0)
{
    if(K1 == 0)
    {
        Delay100ms();
        if(K1 == 0)
        {
            Mode = 1;
            Count = 0;
            Var = 0;
            ET0 = 1;
            TR0 = 1;
        }
    }
}
```

在模式 0 按下 K1 键后执行 Mode=1,同时将其他函数使用的变量复位,并启动定时器 0。子函数结束后,进入到模式 1 显示。

程序已经工作在模式 1 时,调用 key_input()且按下 K1 键后,则将 Mode 数值改为 0 并关闭定时器 0；执行 DS1302_SetTime( )函数，将用户设置好的时间保存到 DS1302。子函数结束后，进入到模式 0 显示。

说明：IAP 开头的子函数为 EEPROM 应用程序，目的在于保存闹钟数据到 EE-PROM，详细内容请见第 7 章 EEPROM 功能部分。

2. K2 键功能

K2 键功能为切换时间单位，每次按下后，将按照年、月、日、星期、小时、分钟、秒、闹钟小时、闹钟分钟共计 9 个时间单位进行切换，并决定是哪个时间显示区域闪烁。K2 键每次按下后，Count 变量自加 1，大于 9 后归 0，再次回到年单位调整。

"switch(Count) case"结构中，case1～case9 代表第几次按下后要执行的功能：先将 Var 变量赋值，Var 值为需要更改的时间在 Time 数组中存放的"位置"（实际为地址），如"Var＝6"时，语句"temp＝Time[Var]/16 * 10＋Time[Var]%16"是将 Time[6]数据（年）赋值给 temp，Var 赋值并不遵循 1～9 的规律，这是因为需要调整的时间数据在 Time 数组中的并不是按年、月、日、星期、小时、分钟、秒的顺序存储的，因此 Var 赋值应根据实际需要修改的时间进行赋值。

3. K3、K4 键功能

K3、K4 键用于调整时间的加、减，K3、K4 键分别执行 temp＋＋、temp－－来修改时间数据，"switch(Var) case"结构中分别对调整后的数据上限和下限数值做调整，如 Var 值为 1 时，此时调整的是分钟，大于 59 时归 0，小于 0 时赋值为 59。注意，此处 temp 变量类型为 signed char(有符号字符型)，否则不能判断小于 0 的情况，且 temp 变量为十进制数，故 K3、K4 键程序部分最后都必须执行"Time[Var]＝(temp/10)<<4|(temp%10)"，将调整后的 temp 数值转换为 BCD 码格式存放到 Time 数组内。

不管是 K2、K3、K4 键，执行对应功能程序后都须执行一次 Data_Process( )，否则修改后的时间不能同步到 LCD1602 显示。

6.3.5　定时器 0 中断函数

按下 K2 键决定了修改哪一个单位的时间，为了便于人眼观察，切换某个时间单位时，让此处显示闪烁。此功能通过定时器 0 中断程序实现。

STC15 系列单片机的定时器初始化设置在编程上完全兼容传统 8051 单片机，也可以使用 STC 官方 ISP 软件中的定时器计算器功能，如图 6-10 所示。

单击"生成 C 代码"即可复制到工程文件中使用，时间可根据实际需要进行调节，本程序设置的定时器时间为 30 ms。

STC15 系列单片机的定时器中断程序与传统 8051 程序有所不同，传统 8051 定时器设置好计时初值后，Tli、Thi(i＝0、1、2)寄存器内的数值需要重装，而在 STC15 系列单片机中无须重装，如程序 C3-4 中的定时器 0 中断服务程序中，未对 TL0 和

第6章 迷你时钟

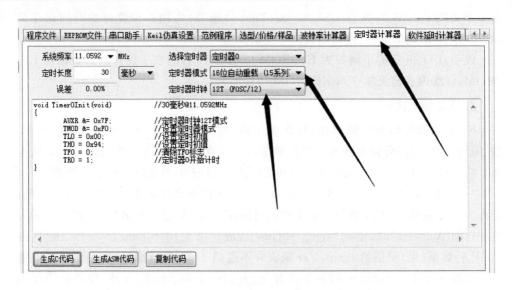

图6-10　STC官方烧录软件定时器设置示意

TH0数值进行重装赋值,而是直接执行功能语句。

定时器0中断函数如下:

```
void time1_isr() interrupt 1
{
    T++;
    if(T>10)
    {
        ……
    }
    if(T>20)
    {
        ……
    }
}
```

  T>10时,产生10次中断,一次中断时间为30 ms,10次为0.3 s,"switch(Count) case"结构根据Count值(由K2键决定)确定关闭哪部分字符显示。当Count值为1时,case 1执行"Play_buf[2]=Clear;Play_buf[3]=Clear",年的十位(Play_buf[2])、个位(Play_buf[3])显示缓存数组赋值为20H(♯define Clear 0x20),输出后不显示任何字符。

  T>20时,产生20次中断,时间经过第二个0.3 s,同样由Count值(由K2键决定)确定恢复哪部分字符显示。当Count值为1时,执行语句:

```
Play_buf[2] = Num[Time[6]/16];
Play_buf[3] = Num[Time[6]%16];
```

  执行后,年的十位(Play_buf[2])、个位(Play_buf[3])恢复到之前的数据。

6.3.6 闹钟部分

Alarm_switch()函数控制闹钟是否启动,K5 键按下后执行"Alarm_cmd=～Alarm_cmd",将闹钟启停控制字取反,取反操作时使 Alarm_cmd 变量的值为 FFH 或 00H,进而确定闹钟是否启动。Alarm_switch()函数中的 EEPROM 数据存储程序将在第 7 章详细介绍。此处只须了解 Alarm_switch()函数的功能是取反 Alarm_cmd 数值,并将数值保存到 EEPROM 中,从而防止断电后数据消失。

Alarm_cpntrol()函数为蜂鸣器控制程序,满足"Alarm_cmd==0xff"条件时,判断闹钟数据与时间数据是否相等,相等时,执行"buzzer=0",即 P0^0 脚输出 0,三极管导通,蜂鸣器开始鸣叫。不满足时间相等条件或"Alarm_cmd==0x00"时,"buzzer=1",三极管截止,蜂鸣器不鸣叫。

第 7 章

智能温控系统

温控系统已经完全融入了社会生活、生产中,小到电冰箱、电磁炉、空调,大到养殖业、种植业、工业生产中的温度监测系统,处处都能发现它的应用。通过本章的学习,可以掌握温度传感器在智能温控系统中的应用及增强型单片机内置 EEPROM 功能。

7.1 硬件制作

本节通过介绍温控系统电路的制作过程和调试方法,从而学习 DS18B20 温度传感器及继电器的电路原理。

1. 元件材料

元件材料清单如表 7-1 所列。

表 7-1 元件材料清单

名 称	数 量	规格/型号	备 注
万能板	1	9 cm×15 cm	
单片机	1	STC15F2K32S2-DIP40	15F2K 系列均可
DS18B20	1		防水型
40pIC 座	1		
LCD1602 液晶	1	5 V	
16p 母座	1	2.54 mm 间距	
10 kΩ 电阻	1	1/4 W	
可调电阻(电位器)	2	10K-卧室	
拨动开关	1		
弯排针	4p		
0.1 μF 独石电容	1		
100 μF 电解电容	1		
微动开关	1		
细导线(飞线)	若干		

第 7 章 智能温控系统

续表 7-1

名 称	数 量	规格/型号	备 注
USB 转 TTL 下载器	1		PL303 或 CH340
杜邦线	4	母对母	下载程序和供电
继电器模块	2		

(1) 继电器模块

继电器模块选用工作电压 5 V，低电平触发型，IN 脚给低电平继电器动作，常开触点闭合，常闭触点断开，如图 7-1 所示。

(2) 温度传感器

与第 4 章使用的常规传感器不同，此处须使用防水型温度传感器，该类型温度传感器可直接与液体、制冷模组等物体接触测温，如图 7-2 所示。

图 7-1 继电器模块　　　　　图 7-2 防水型温度传感器

2. 原理图

控制系统电路原理图如图 7-3 所示。

3. 制作步骤

(1) 控制电路

控制电路相对简单，核心元件为单片机、LCD1602 液晶屏、温度传感器及继电器模块。焊接组装好的电路如图 7-4 所示。

两个继电器模块的 VCC 和 GND 直接连接到系统电路的 VCC 和 GND，两个 IN 脚分别连接到单片机的 P2^0 和 P2^1 脚。

(2) 继电器模块

继电器的作用是控制大功率用电设备。安全起见，不建议使用实物直接控制市电设备，有条件的可购买半导体制冷模组来模拟制冷。

4. 系统调试

(1) 程序下载

时钟频率设置 11.059 2 MHz，下载 C7-4.hex 文件到单片机，下载时序选中"选清除 EEPROM 缓冲区"选项，同时载入 EEPROM 文件，再单击"下载"，过程如图 7-5 所示。

第7章 智能温控系统

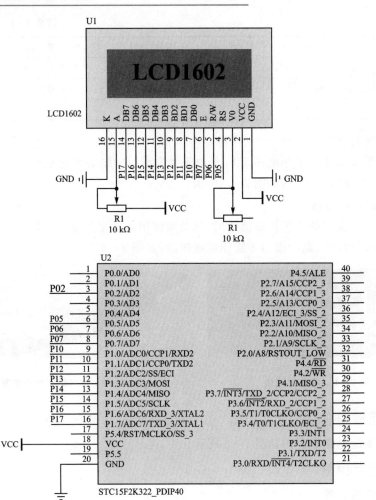

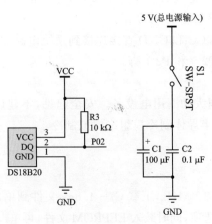

图 7-3 温控系统电路图

第 7 章　智能温控系统

图 7-4　焊接好的系统电路

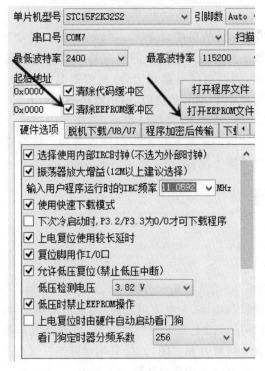

图 7-5　下载参数设置

第7章 智能温控系统

EEPROM 文件作用是给单片机的 EEPROM 空间初始化参数,以免显示乱码。

(2) 整体测试

系统通电后显示效果如图 7-6 所示。

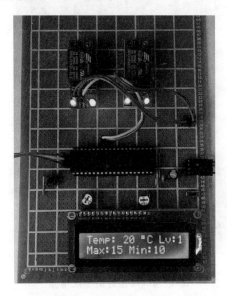

图 7-6 测试效果图

其中,Temp 指当前测得的温度为 20℃。"Lv:1"代表制冷等级设置,1～3 挡可调。Max、Min 后的数值为当前工作挡位的温度最大值和温度最小值,为 1 挡时,若测得温度大于 Max 值,则两组继电器均闭合;当测得温度在 10～15℃之间时,一组继电器闭合;当测得温度小于 Min 数值时,两组继电器均断开。

制冷等级默认为 Lv1,最高 Lv3,等级越高,温度下限越低。若要观察继电器工作状态变化,则可使用冰冻的矿泉水瓶来模拟降温过程。将温度传感器探头放入结冰的水瓶中,随着温度不断下降,满足上述条件时,继电器会相应动作。

7.2 硬件原理

7.2.1 继电器

单片机 I/O 口的电压、电流输出十分有限,通常只用于驱动小功率元件(如 LED 发光二极管等)。控制较高电压、大电流设备时,需要借助继电器模块。

本章使用的继电器是市面上常见的直流控制、电磁继电器模块,控制电压 5 V,低电平触发有效,包含一组常开和常闭,此处只用常开组。继电器通电后,IN 脚输入为高电平或无输入时,继电器不动作;IN 脚输入低电平,继电器动作,常开组导通。

7.2.2 温度传感器 DS18B20

DS18B20 是美国 DALLAS 半导体公司推出的"一线总线"接口的温度传感器,具有微型化、低功耗、高性能、抗干扰能力强等优点,可直接将温度转化成数字信号;工作电源为 3.0~5.5 V(DC),测量的温度范围为 −55~125℃,测温误差 0.5℃;分辨率 9~12 位,对应的可分辨温度分别为 0.5℃、0.25℃、0.125℃ 和 0.0625℃。

1. DS18B20 工作流程

每次对 DS18B20 进行任何操作前必须发送一次复位信号,紧接着发送跳过 ROM 读取命令,此后便可对 DS18B20 进行正常操作,流程如图 7-7 所示。

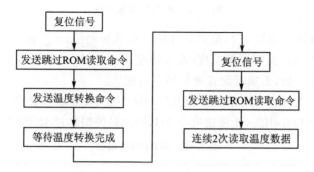

图 7-7 DS28B20 工作流程图

DS18B20 内部有 64 位光刻 ROM,前 8 位是 DS18B20 的自身代码,接下来的 48 位为连续的数字代码,最后 8 位是对前 56 位的 CRC 校验。64 位的光刻 ROM 又包括 5 个 ROM 的功能命令:读 ROM、匹配 ROM、跳跃 ROM、查找 ROM 和报警查找。通常在使用单个 DS18B20 时,无须读取 ROM,因此跳过。

2. DS18B20 内部 RAM 及控制命令

DS18B20 内部 RAM 结构和功能如表 7-2 所列。

表 7-2 DS18B20 内部 RAM 结构和功能

寄存器功能	字节地址	寄存器功能	字节地址
温度值低位	0	保留	5
温度值高位	1	保留	6
高温限值	2	保留	7
低温限值	3	CRC 校验值	8
配置寄存器	4		

温度转换后的结果存放前两位 RAM 中,用户只须读取前两位数据即可得到温度数值。配置寄存器控制 DS18B20 的数据精度,各位功能如图 7-8 所示。

第 7 章 智能温控系统

配置寄存器							
TM	R1	R0	1	1	1	1	1

速率控制设定			
R1	R0	分辨率	转换时间
0	0	9 位	93.75 ms
0	1	10 位	187.5 ms
1	0	11 位	375 ms
1	1	12 位	750 ms

图 7-8 配置寄存器功能

配置寄存器低 5 位均为 1,最高位 TM 为模式控制位,出厂设置为"0",无须用户改动。R1 和 R0 两位控制温度精度,通常情况下,为使 DS18B20 实现较快温度转换,一般默认为 9 位采集,无须对配置寄存器专门配置。

DS18B20 分为 ROM 操作指令和 RAM 操作指令。ROM 指令如表 7-3 所列。本章只使用单个 DS18B20,无须读取 ROM,因此只使用跳过 ROM 指令。

表 7-3 ROM 功能指令

指令名称	指令代码	功 能
读 ROM	33H	读 DS1820 温度传感器 ROM 中的编码(即 64 位地址)
确认 ROM	55H	发出此命令之后,接着发出 64 位 ROM 编码,访问单总线上与该编码相对应的 DS1820,使之做出响应,为下一步对该 DS1820 的读/写做准备
搜索 ROM	F0H	用于确定挂接在同一总线上 DS1820 的个数和识别 64 位 ROM 地址,为操作各器件做准备
跳过 ROM	CCH	忽略 64 位 ROM 地址,直接向 DS1820 发温度变换命令,适用于单个传感器工作
告警搜索命令	ECH	执行后只有温度超过设定值上限或下限的片子才做出响应

RAM 指令如表 7-4 所列。本章只用到了温度转换指令和读温度数据暂存器指令,温度最高值和最低值存储在单片机 EEPROM 中,并不通过 DS18B20 内部 RAM 存储。

表 7-4 RAM 指令

指令名称	指令代码	功 能
温度转换	44H	启动 DS1820 进行温度转换,12 位转换时最长为 750 ms(9 位为 93.75 ms),温度数据存放于内部 RAM 前两位中
读温度数据暂存器	0BEH	读内部 RAM 中的数据内容

续表 7-4

指令名称	指令代码	功　能
写暂存器	4EH	发出向内部 RAM 的 3、4 字节写上、下限温度数据命令,紧跟该命令之后是传送两字节的数据
复制暂存器	48H	将 RAM 中第 3、4 字节的内容复制到 EEPROM 中
重调 EEPROM 数据	0B8H	将 EEPROM 中内容恢复到 RAM 中的第 3、4 字节
读供电方式	0B4H	读 DS1820 的供电模式。寄生供电时 DS1820 发送"0",外接电源供电 DS18 20 发送"1"

3. DS18B20 复位函数

DS18B20 复位过程为:单片机拉低信号线时,持续时间不小于 480 μs,最大不超过 960 μs,然后释放信号线为高电平,延时 15~60 μs 后检测总线信号,若信号为低电平,则代表成功复位;若为高电平,则复位失败,重新复位。

作为从器件的 DS18B20 在上电后就一直检测总线上是否有 480~960 μs 的低电平出现,如果有,则在总线转为高电平的 15~60 μs 后,DS18B20 将总线电平拉低 60~240 μs 作为响应脉冲,告诉主机本器件已做好准备。DS18B20 出现低电平应答信号后,须再给出 300 μs 以上的延时,使 DS18B20 释放总线。

DS18B20 复位信号程序:

```
void DS18B20_Reset()       //DS18B20 复位信号程序
{
    flag = 1;
    while(flag)
    {
        DQ = 0;                //拉低信号线
        DelayXus(480);         //延时
        DQ = 1;                //释放信号线
        DelayXus(60);          //延时 60 μs
        flag = DQ;             //单片机端口状态赋值给变量
        DelayXus(350);         //延时,让 DS18B20 释放总线
    }
}
```

4. DS18B20 写数据函数

DS18B20 只有一根数据线与单片机相连,因此数据一次只能传送一位。单片机把总线拉低 1 μs 表示写周期开始,随后单片机 I/O 口对外输出数据,持续时间最少为 60 μs,然后释放数据总线。向 DS18B20 写一位数据程序如下:

```
(dat 为要写入的一字节数据)
DQ = 0;                    //拉低总线
DelayXus(1);               //延时等待
DQ = dat&0x01;             //送出数据
```

第7章 智能温控系统

```
DelayXus(60);              //延时等待
DQ = 1;                    //恢复数据线
DelayXus(1);               //恢复延时
```

DS18B20 控制命令长度为一字节(即 8 位),数据由低到高按位传送,每次传送数据后,为保证下次数据准确传送,数据须右移一位。向 DS18B20 写一字节数据函数如下:

```
void DS18B20_WriteByte(unsigned char dat)  //向 DS18B20 写 1 字节数据
{
    unsigned char i;
    for (i = 0; i<8; i++)                  //一次输出一位,8 次为一字节
    {
        DQ = 0;                            //拉低总线
        DelayXus(1);                       //延时等待
        DQ = dat&0x01;                     //送出数据
        DelayXus(60);                      //延时等待
        DQ = 1;                            //恢复数据线
        DelayXus(1);                       //恢复延时
        dat = dat>>1;                      //数据右移一位,为下次传送做准备
    }
}
```

需要向 DS18B20 发送命令 CCH 时,可写为:

```
DS18B20_WriteByte(0xCC);
```

5. DS18B20 读数据函数

与 DS18B20 写数据类似,从 DS18B20 读取数据时一次只能读取一位。单片机将信号线拉低,持续 1 μs 再拉高数据线,持续 1 μs 后,DS18B20 开始溢出一位数据,一字节数据按位由低到高溢出,一次数据的溢出至少需要 60 μs。读取一位数据持续如下:

```
data_buf[j] >>= 1;                        //数据右移一位
DQ = 0;                                   //拉低总线
DelayXus(1);                              //延时等待
DQ = 1;                                   //准备接收
DelayXus(1);                              //延时等待
if (DQ) data_buf[j] |= 0x80;              //读取数据
```

此处将读取到的数据存放于数组中。当 DQ=1 时,代表 DS18B20 溢出的数据为"1",与 0x80(二进制位 1000 0000)进行或运算后,读取到的"1"被保存到数据的最高位;当读取到的数据为"0"时,无需进行操作,执行数据位右移时,系统自动补"0"。数据右移即可保存之前一次读取到的数据。连续 8 次读取后即为 1 字节,从 DS18B20 读取一字节数据程序:

```
for (i = 0; i<8; i++)                     //一次读取一位,8 次为一字节
```

```
        data_buf[j] >>= 1;              //数据右移一位
        DQ = 0;                          //拉低总线
        DelayXus(1);                     //延时等待
        DQ = 1;                          //准备接收
        DelayXus(1);                     //延时等待
        if (DQ) data_buf[j] |= 0x80;     //读取数据
        DelayXus(60);                    //等待总线复位
    }
```

由前文可知,DS18B20 数据精度为 9~12 位,占 2 字节,因此需要连续 2 次读取数据。读取到的数据存放在数组中,通过两个 for 循环实现:

```
void Temperature_get()                   //连续从 DS18B20 读 2 字节数据
{
    unsigned char i,j;
    for(j = 0;j<2;j++)
    {
        for (i = 0; i<8; i++)            //一次读取一位,8 次为一字节
        {
            data_buf[j] >>= 1;           //数据右移一位
            DQ = 0;                      //拉低总线
            DelayXus(1);                 //延时等待
            DQ = 1;                      //准备接收
            DelayXus(1);                 //延时等待
            if (DQ) data_buf[j] |= 0x80; //读取数据
            DelayXus(60);                //等待总线复位
        }
    }
}
```

7.2.3 单片机 EEPROM

EEPROM(Electrically Erasable Programmable Read-Only Memory),即电可擦可编程只读存储器,是一种掉电后数据不丢失的存储器。在单片机应用中,常常需要保存一些数据,如本项目中制冷等级 Lv 后的数字 1~3,断电后设置好的数据将消失。为使用户设置的数据断电后可保存,需要将数据保存在 EEPROM 中。随着单片机技术发展,绝大多数单片机都内置 EEPROM 存储空间,无需再使用外部 EEPROM 芯片。

1. STC15 系列单片机 EEPROM 简介

STC15 系列单片机利用 ISP/IAP 技术可将内部 Data Flash(程序存储区)当作 EEPROM 使用,擦写次数在 10 万次以上。本节以 STC15F2K 系列为例介绍 EEPROM 功能。不同单片机型号的 EEPROM 空间大小不同,须根据实际使用情况决定选型。本节使用的芯片型号为 STC15F2K32S2,EEPROM 大小为 29 KB。

2. IAP 及 EEPROM 新增寄存器功能介绍

操作 STC15F2K 系列单片机的内部 EEPROM 须借助新增寄存器,与 EEPROM 功能相关的新增寄存器如表 7-5 所列。

表 7-5　EEPROM 功能相关寄存器

符号	描述	地址	位地址及符号								复位值
IAP_DATA	ISP/IAP 数据寄存器	C2H									1111 1111B
IAP_ADDRH	ISP/IAP 地址寄存器高位	C3H									0000 0000B
IAP_ADDRL	ISP/IAP 地址寄存器低位	C4H									0000 0000B
IAP_CMD	ISP/IAP 控制命令寄存器	C5H	—						MS1	MS0	xxxx x000B
IAP_TRIG	ISP/IAP 命令触发寄存器	C6H									xxxx xxxxB
IAP_CONTR	ISP/IAP 控制寄存器	C7H	IAPEN	SWBS	SWRST	CMD-FAIL	—	WT2	WT1	WT0	xxxx x000B
PCON	电源控制寄存器	87H	SMOD	SMOD0	LVDF	POF	GF1	GF0	PD	IDL	0011 0000B

ISP/IAP 数据寄存器 IAP_DATA:向 EEPROM 写数据时,必须将数据存放在 IAP_DATA 寄存器中;从 EEPROM 中读取到的数据也存放在 IAP_DATA 寄存器中。

ISP/IAP 地址寄存器 IAP_ADDRH 和 IAP_ADDRL:单片机内部的 EEPROM 地址为 16 位数据,而 8 位单片机中的一个寄存器只能存放 8 位数据,因此需要两个寄存器分别存放 16 位数据地址的高 8 位和低 8 位。如"IAP_ADDRH=0x00;IAP_ADDRL=0x01;"时,操作的 EEPROM 地址为 0001H。

ISP/IAP 控制命令寄存器 IAP_CMD:STC 单片机进行 EEPROM 操作时,有 4 种控制字,由 IAP_CMD 寄存器的低 2 位 MS1 和 MS0 决定,控制字功能如表 7-6 所列。

表 7-6　SP/IAP 控制命令

MS1	MS0	IAP_CMD 赋值	功　能
0	0	00H	待机,不进行任何操作
0	1	01H	对 EEPROM 进行读操作
1	0	02H	对 EEPROM 进行编程,即写数据到 EEPROM
1	1	03H	对 EEPROM 进行数据擦除操作

ISP/IAP 命令触发寄存器 IAP_TRIG:STC 单片机规定,不管是对 EEPROM 进行读、写还是擦除操作,都需要 IAP_TRIG 寄存器触发。如需要向 EEPROM 写入数据时,只须将待写入数据存放在寄存器 IAP_DATA 中,再执行语句:

```
IAP_TRIG = 0x5a;
IAP_TRIG = 0xa5;
```

执行后,数据自动保存到 EEPROM 中。读取 EEPROM 与之类似,执行上述语句后,EEPROM 中存放的数据自动保存到寄存器 IAP_DATA 中。"5a"和"a5"是 STC 官方规定的触发控制命令,直接使用即可。

ISP/IAP 控制寄存器 IAP_CONTR:此寄存器用于设定 EEPROM 操作周期等功能性设置。IAPEN:ISP/IAP 功能允许位,为 0 时,禁止 ISP/IAP 对 EEPROM 进行任何操作;为 1 时,可对 EEPROM 进行操作。CMD-FAIL:若用户操作 IAP 地址(即 EEPROM 地址)时出现了非法地址或无效地址,则此为 1,此时 IAP_TRIG 触发失败。其他的与 EEPROM 功能无关,此处不介绍。

IAP_CONTR 的低 3 位用于控制 EEPROM 的等待时间。对 EEPROM 进行读、写、擦除等操作时,并不是瞬间完成的,在不同的时钟频率下,EEPROM 操作时间会有所不同,等待时间配置方法如表 7-7 所列。

表 7-7 不同系统时钟频率下操作 EEPROM 的等待时间

设置等待时间			CPU 等待时间(CPU 工作时钟)			不同等待时间下推荐的对应时钟频率/MHz
WT2	WT1	WT0	读操作	编程(写)操作	擦除操作	
1	1	1	2 个时钟	55 个时钟	21 012 个时钟	≤1
1	1	0	2 个时钟	110 个时钟	40 204 个时钟	≤2
1	0	1	2 个时钟	165 个时钟	63 036 个时钟	≤3
1	0	0	2 个时钟	330 个时钟	126 072 个时钟	≤6
0	1	1	2 个时钟	275 个时钟	252 144 个时钟	≤12
0	1	0	2 个时钟	660 个时钟	420 240 个时钟	≤20
0	0	1	2 个时钟	1100 个时钟	504 288 个时钟	≤24
0	0	0	2 个时钟	1760 个时钟	672 384 个时钟	≤30

由表 7-7 可知,除读操作外,其他操作需要的等待时间在不同系统视频频率下均不相同,必须根据单片机工作的系统时钟频率进行配置。若本节所有程序均使用 11.059 2 MHz 系统时钟,则 IAP_CONTR 低 3 位须设置为 011。

在实际使用中,通常只针对 IAP_CONTR 的最高位和低 3 位进行设置。如本节程序中需要操作 EEPROM 时,IAP_CONTR 赋值为 83H;不操作 EEPROM 时,IAP_CONTR 赋值为 0。

PCON:电源控制寄存器,与 EEPROM 相关的只有 LVDF 位,用于检测低压,当工作电压 Vcc 低于低压检测门槛电压时,该位置 1,否则由软件清零。在较低工作电压环境下，EEPROM 操作时容易发生数据丢失等情况，因此 STC 官方不建议在低工作电压下对 EEPROM 进行操作。

3. EEPROM 操作方法

先定义 EEPROM 操作需要的基本控制字：

```
#define CMD_Wait      0           //待机
#define CMD_Read      1           //读命令
#define CMD_Program   2           //写命令
#define CMD_Erase     3           //擦命令
#define Eable_IAP     0x83        //系统时钟为 11.059 2 MHz 时的配置参数
```

这是 Eable_IAP 值为 0x83(10000011)，即最高位 IAPEN 为 1，允许 ISP/IAP 进行 EEPROM 操作，低 3 位为 011，系统时钟小于等于 12 MHz 时的等待时间设置字。

(1) 待机函数

程序中，并不是一直对 EEPROM 进行读/写等操作，在不使用 EEPROM 功能时，须关闭 EEPROM 相关功能，即进入到待机模式。待机子函数程序：

```
void IAP_wait()
{
    IAP_CONTR = 0;            //关闭 IAP 功能
    IAP_CMD = 0;              //清楚命令寄存器内容
    IAP_TRIG = 0;             //清楚触发寄存器
    IAP_ADDRH = 0x80;         //将地址设置到非 IAP 区
    IAP_ADDRL = 0x00;
}
```

每次对 EEPROM 操作后，须调用一次此函数，以免后期程序运行时对 EEPROM 进行误操作。

(2) 读操作

从 EEPROM 某地址读取一字节数据，程序如下：

```
unsigned char IAP_Read_Byte(unsigned int addr)
{
    unsigned char dat;
    IAP_CONTR = Eable_IAP;    //允许 IAP 操作
    IAP_CMD = CMD_Read;       //工作在读方式
    IAP_ADDRL = addr;         //EEPROM 地址低 8 位
    IAP_ADDRH = addr>>8;      //EEPROM 地址高 8 位
    IAP_TRIG = 0x5a;
    IAP_TRIG = 0xa5;          //触发命令
    _nop_();                  //稍作延时
    dat = IAP_DATA;           //读取到的数据赋值给 dat
    IAP_wait();               //进入到待机状态
    return dat;
}
```

假设 EEPROM 下地址 0001 位置储存的数据为 CCH，而我们只想将需要读取的 EEPROM 地址赋值给地址寄存器,执行触发命令后读取到的数据自动存放到 IAP_DATA 寄存器中,再赋值给函数内的变量 dat。调用此函数时可写为:

```
temp = IAP_Read_Byte(0x0001);
```

执行后,temp=0xCC。

(3) 编程(写数据)操作

向 EEPROM 编程(即写数据操作)时,需要传送 EEPROM 地址和要写入的数据,程序为:

```
void IAP_Promgram_Byte(unsigned int addr,unsigned char dat)
{
    IAP_CONTR = Eable_IAP;
    IAP_CMD = CMD_Program;      //工作在编程方式
    IAP_ADDRL = addr;
    IAP_ADDRH = addr>>8;
    IAP_DATA = dat;             //需要写入的数据
    IAP_TRIG = 0x5a;
    IAP_TRIG = 0xa5;
    _nop_();
    IAP_wait();
}
```

调用函数时,可写为:

```
IAP_Promgram_Byte(0x0001,0xAA);
```

功能是将 0xAA 数据写入到 EEPORM 地址 0x0001 中。子函数中,将 EEPORM 地址赋值给地址寄存器,要写入的数据赋值给 IAP_DATA 寄存器、执行触发命令后,IAP_DATA 数据自动保存到 EEPORM 地址 0x0001 中。

(4) 擦除操作

若需要更改 EEPROM 中的数据,不能直接写新数据到 EEPROM,必须先对此地址进行擦除操作,程序如下:

```
void IAP_Erase_Sector(unsigned int addr)
{
    IAP_CONTR = Eable_IAP;
    IAP_CMD = CMD_Erase;        //工作在擦除方式
    IAP_ADDRL = addr;
    IAP_ADDRH = addr>>8;
    IAP_TRIG = 0x5a;
    IAP_TRIG = 0xa5;
    _nop_();
    IAP_wait();
}
```

与读操作类似,设定好 EEPROM 地址后,执行触发命令时 EEPROM 内数据将擦除,擦除后的区域才可以写入新数据。

第 7 章　智能温控系统

4. EEPROM 操作流程

若只读取 EEPROM 数据,则调用读功能函数即可;若需要写数据到 EEPROM,则先调用擦除功能函数,再调用写功能函数。读函数可单独使用,擦除函数和编程(写数据)函数须连续使用。

STC 单片机的 EEPROM 分为若干个扇区,每个扇区容量 512 字节。有较多数据写入时,若数据总字节数小于 512,则可一次性写到一个扇区内;若数据总字节数大于 512 字节,须分多次向不同扇区写入。

7.3　程序详解

第 5 章已经介绍了 LCD1602 液晶的用法,本节将针对性地介绍 DS18B20、EEPROM、温度控制各个功能组合。

7.3.1　温度读取

1. 初始化部分

程序开头的延时函数的作用是给液晶显示模块足够的上电时间。P0.0 连接按键,P0.1 连接 DS18B20,P0.5~P0.7 连接液晶控制脚,此处设置 P0 口为准双向口,使其可以兼容各种输入、输出需要。程序如下:

```
Delay100ms();
P0M1 = 0x00;
P0M0 = 0x00;
LCD_init();
```

2. 温度读取部分

主程序的死循环中进行温度转换/读取、数据处理和显示。根据 7.2.3 小节中 DS18B20 的工作流程图可知,温度数据读取部分程序如下:

```
DS18B20_Reset();                //DS18B20 设备复位
DS18B20_WriteByte(0xCC);        //跳过 ROM 命令
DS18B20_WriteByte(0x44);        //开始转换命令
while (!DQ);                    //等待温度转换完成
DS18B20_Reset();                //设备复位
DS18B20_WriteByte(0xCC);        //跳过 ROM 命令
DS18B20_WriteByte(0xBE);        //读存储器命令
Temperature_get();              //温度数据读取
```

向 DS18B20 发送复位信号后,紧接着发送跳过读取 ROM 指令,再发送温度转换命令。DS18B20 温度转换过程中,数据脚始终为低电平,温度转换完成后,数据脚由低电平变为高电平,此处通过 while(! DQ)进行数据脚状态的查询与等待。温度转换完成后,再次对 DS18B20 进行复位和发送跳过读取 ROM 指令操作,再发送读取存储器指令来连续读取 2 字节温度数据,温度数据的高 8 位存放于 data_buf[1] 中,低 8 位存放于 data_buf[0] 中。

7.3.2 温度数据处理

子函数 Data_Process() 中,先将读取到的温度数据合并为一个整型变量,合并后的变量 temp 的低 4 位为小数部分,本项目中不显示小数,因此右移 4 次屏蔽小数部分。程序如下:

```
temp = data_buf[1];              //提取温度数值高 8 位
temp = temp<<8;                  //数据右移
temp = temp + data_buf[0];       //提取温度数值低 8 位
temp = temp>>4;                  //右移 4 位,略去小数部分
```

温度显示效果中有字母、数字、符号。其中,字母"Temp"和"℃"符号可视为常量,固定不变,但数字显示是实时变化的,为达到常量和变量共同显示,此处使用 sprintf 字符串格式化函数。sprintf 函数本身是个变参函数,典型用法为:

```
char buf[10];
sprintf(buf,"%d",temp);
```

此处作用是将变量 temp 以十进制数存储在数组 buf 中。又如:

```
sprintf(Temp_play_buf,"Temp: %d %cC",temp,0xdf);
```

假设"temp=29",执行后,数组 Temp_play_buf 存放的数据为"Temp: 29 ℃"。其中,"0xdf"为摄氏度符号字母"C"之前的"点",以字符形式(c%)存放到数组中。

由此可知,sprintf 函数作用是对变量进行操作,当变量 temp 变化时,存放到数组内的数据也会发生相应变化。

Sprintf 函数解决了数据存放问题,显示字函数 Display() 只须将数组 Temp_play_buf 内的数据输出到 LCD1602 即可。但由于 temp 为变量,格式化后的数据长度会有所不同,所以显示函数中循环输出的次数并不固定。例如,当 temp 分别等于 25、5、-10 时,Temp_play_buf 内字符串分别为:

"Temp: 25 ℃"
"Temp: 5 ℃"
"Temp: -10 ℃"

因此在输出显示前,须确定数组 Temp_play_buf 字符串所占空间大小。本程序使用 strlen 函数统计数组内的有效字符串长度,用法如下:

```
Count = strlen(Temp_play_buf);
```

执行后,Count 值即为数组内字符串内个数。显示子函数根据 Count 数值进行循环输出显示,程序如下:

```
void Display()
{
    unsigned char i;
    for(i = 0;i<Count;i ++ )
    {
        LCD_write_char(0,i,Temp_play_buf[i]);
    }
}
```

7.3.3 按键功能

按键作用是切换制冷等级,不同等级下、上限温度和下限温度不同,程序中共分为 3 级:

Lv:1   Max:15℃   Min:10℃
Lv:2   Max:10℃   Min:5℃
Lv:3   Max: 5℃   Min:0℃

系统运行时,默认工作在"Lv:1",通过按键功能函数 key_input()实现等级切换,程序如下:

```
void key_input()
{
    if(key == 0)
    {
        Delay100ms();
        if(key == 0)
        {
            Level ++ ;
            if(Level>3)Level = 1;
            switch(Level)
            {
                case 1:Max = 15,Min = 10;break;
                case 2:Max = 10,Min = 5;break;
                case 3:Max = 5,Min = 0;break;
                default: break;
            }
            LCD_write_cmd(0x01);      //清屏
        }
    }
}
```

每次按键按下后,变量 Level 加 1,switch case 语句判断当前 Level 值,根据数 Level 值设定 Max 和 Min 参数。

7.3.4 数据处理

温度显示、制冷等级显示、温度最大值最小值显示与配套资料中程序 C7 - 1 中的温度显示方案一致，通过 sprintf 函数格式化后输出显示。LCD1602 第一行显示实时温度和等级，格式化后的数据存放在 Temp_play_buf 数组中；第二行显示温度最大值和最小值，格式化后的数据存放在 Level_play_buf 数组中。原始程序为：

```
sprintf(Temp_play_buf,"Temp: %d %cC Lv: %d",temp,0xdf,Level);
```

其中，temp、Level 为变量，以十进制数存储到数组 Temp_play_buf 中，温度变量 temp 所占字符数随着温度数值变化而变化，如温度显示位数在 1 位数、2 位数、负 2 位数时，字符数分别为 1、2、3。为使第一行显示美观，不在温度进位时发生显示位移，在 sprintf 函数执行前加入条件判断，根据温度变量 temp 调整空字符个数。每个 if 条件后的 sprintf 函数括号内只是空格数不同。

```
sprintf(Level_play_buf,"Max:%d Min:%d",Max,Min)
```

将温度最大值和最小值以十进制数存放于数组 Level_play_buf 中。此处 Max 和 Min 虽然为变量，但只有在 Lv 等级发生变化时才变化，为简化程序，此处不做类似温度显示的美化处理。

7.3.5 显示函数

Temp_play_buf 数组和 Level_play_buf 数组分别存放 LCD1602 液晶第一行和第二行显示的内容，与配套资料中程序 C7-1 一样，需要统计数组内字符串个数，因此有：

```
Count1 = strlen(Temp_play_buf);
Count2 = strlen(Level_play_buf);
```

执行后，Count1、Count2 数值分别等于 Temp_play_buf 和 Level_play_buf 数组内的字符串个数，显示函数 Display()中，根据 Count1、Count2 数值循环输出字符到 LCD1602 液晶，程序如下：

```
void Display()
{
    unsigned char i;
    for(i = 0;i<Count1;i++)
    {
        LCD_write_char(0,i,Temp_play_buf[i]);
    }
    for(i = 0;i<Count2;i++)
    {
        LCD_write_char(1,i,Level_play_buf[i]);
    }
}
```

7.3.6 EEPROM 程序

程序 C7-2 实现了 Lv 制冷等级的调整，但调整后的数据断电后消失，系统重新上电后，Lv 恢复到默认值 1。为了使更改后的数据断电后可保存，须将 Lv 等级数据

保存到 EEPROM 中,程序如下:

```
void key_input()
{
    if(key == 0)
    {
        Delay100ms();
        if(key == 0)
        {
            Level ++ ;
            if(Level>3)Level = 1;
            switch(Level)
            {
                case 1:Max = 15,Min = 10;break;
                case 2:Max = 10,Min = 5;break;
                case 3:Max = 5,Min = 0;break;
                default: break;
            }
            IAP_Erase_Sector(IAP_Level_Addr);          //擦除 EEROM 内数据
            IAP_Promgram_Byte(IAP_Level_Addr,Level);   //数据写入到 EEROM
            LCD_write_cmd(0x01);     /* 显示清屏 */
        }
    }
}
```

每次执行按键功能后,制冷等级变量 Level 发生变化,跳出 switch case 后,执行如下语句:

```
IAP_Erase_Sector(IAP_Level_Addr);
IAP_Promgram_Byte(IAP_Level_Addr,Level);
```

先执行擦除操作,再写入需要保存的数据。IAP_Level_Addr 为 EEPROM 地址。

数据保存到 EEPROM 后,假设系统断电后恢复供电,为了恢复到之前保存的 Lv 等级,须在程序开始时读取 EEPROM 内数据。配套资料中程序 C7 - 3 就是在主函数开始时调用 EEPROM 数据读取函数 Lv_EEP_read(),将断电之前保存的 Level 数据读取到 RAM 中,程序如下:

```
void Lv_EEP_read()
{
    Level = IAP_Read_Byte(IAP_Level_Addr); //读取 0x0000 地址内的数据
    switch(Level)
    {
        case 1:Max = 15,Min = 10;break;
        case 2:Max = 10,Min = 5;break;
        case 3:Max = 5,Min = 0;break;
        default: break;
    }
}
```

读取数据后,根据读取到的实际数值对 Max 和 Min 进行赋值。

7.3.7 制冷功率控制(继电器控制)

假设该控制电路连接了制冷模组,系统通电后,无人为干预时会持续制冷,长期制冷模式会使保温箱体内温度持续降低,达到极限温度时,制冷模组仍然通电工作会造成能源浪费,而且在保存一些特定物品时温度不宜过低。因此,持续通电的工作方式并不符合实际生活、生产应用。

程序 C7-4 中设定如下工作规则:

当制冷环境温度大于 Max 值时,两组继电器常开闭合,两组半导体制冷片同时制冷;

当制冷环境温度介于 Max、Min 值之间时,只一组继电器常开闭合,一组半导体制冷片制冷;

当制冷环境温度小于 Min 值时,两组继电器常开断开,两组半导体制冷片均不制冷。

Max、Min 为不同制冷等级下的温度上限和下限值,根据此数值进行判断是否达到预先设定的工作规则。程序中,通过 Temp_control() 函数实现此功能,程序如下:

```
void Temp_control()
{
    if(temp<Min){R1 = 1;R2 = 1;}
    if(Min< = temp&&temp< = Max){R1 = 0;R2 = 1;}
    if(temp>Max){R1 = 0;R2 = 0;}
}
```

R1、R2 分别对应 P2.0 和 P2.1 脚,用来控制继电器动作,等于 0 时,继电器动作。继电器的控制端口可根据实际电路调整。

本小节完整代码见配套资料中的程序 C7-4。

第 8 章

手势遥控车

随着智能设备的发展与普及,各类传感器也广泛应用到生活、娱乐之中。尤其在智能手机领域,重力感应器、光线传感器、陀螺仪、霍尔感应器等扮演的角色越来越重要。

手机端的赛车类游戏和跑酷类游戏中,通过加速度传感器控制赛车或人物角色动作。本章以 STC15 系列单片机为控制单元,配以 ADXL345 加速度传感器制作一辆通过手势控制的智能车,采用类似手机游戏中操控小车的方式,以人的实际手势变化来控制实物小车运动。

8.1 硬件制作

本节通过制作小车控制电路、手控系统电路,学习和掌握 L293D 驱动芯片和 ADXL345 加速度模块的电路控制原理。

1. 元件材料

元件材料清单如表 8-1 所列。

表 8-1 元件材料清单

名 称	数 量	规格/型号	备 注
万能板	2	12 cm×18 cm	玻璃纤维板
单片机	1	STC15F2K32S2 - SKDIP28	15F2K 系列均可
单片机	1	STC15F2K32S2 - SOPP28	15F2K 系列均可
L293D	2	DIP16	
SOP28 转 DIP28 转接板	1		
40pIC 座	1		
16pIC 座			
8p 母座	4	2.54 mm 间距	
拨动开关	1		
直排针	40p		
弯排针	40p		

续表 8-1

名　　称	数　量	规格/型号	备　注
杜邦线	20P	公对母	与电机接线用
细导线（飞线）	若干		
6p 母座	1		
USB 转 TTL 下载器	1		PL303 或 CH340
杜邦线	4	母对母	下载程序和供电
M3×50 mm 铜柱	4		
M3×50 mm 铜柱	4		
M3 螺母	4		
减速电机	4		
车轮	4	直径 65 mm	
电机固定座	4		
降压模块	1	LM2596S 可调	
锂电池	1	12V-6A-6800mah	

(1) 芯片封装

主控芯片型号为 STC15F2K32S2，3 种封装类型单片机实物对比如图 8-1 所示，从左到右封装规格依次为 SOP28、SKDIP28、DIP40。本项目使用的封装为 SOP28 和 SKDIP28。不同封装只影响到 I/O 个数和芯片尺寸，SKDIP28、SOP28 引脚排列完全相同，使用 SOP28 封装单片机是为了更好的电路布局。

图 8-1　3 种封装对比

第8章 手势遥控车

(2) 电机

电机可根据实际情况进行选择,建议使用减速电机,否则电机速度过快会导致小车轻易跑出控制范围。电机须具备较大转矩,这是因为电机本身、车轮、锂电池等模块偏重,较小转矩情况下在牵引小车前进时电机容易发热。本项目使用的减速电机参数如下:

- 工作电压:3~12 V(使用时工作在 12 V);
- 转速:12 V 时空载转速 300 rpm;
- 转矩:0.2 kg/cm;
- 工作电流:300~1 000 mA。

项目中使用的减速电机实物如图 8-2 所示,配有转接柱,可直接与车轮固定,选购电机时须注意是否方便连接车轮、是否可配电机固定座。

图 8-2 电机即电机配件

(3) 电源选取

充电电池选取时必须注意其参数,以本项目为例,单个电机最大工作电流 1 000 mA,4 个电机为 4 000 mA,同时电机工作在 12 V 电压模式下,故选用的锂电池参数为 12 V、6 A,容量 6 800 mA·h。电池可提供的电流必须大于所有用电设备电流之和,否则会导致系统无法正常工作。

(4) 降压模块

小车底盘分为电机驱动电路和控制电路两部分,控制电路中的单片机、电机驱动芯片等均工作在 5 V,为保证控制电路部分正常工作,这里使用降压模块为单片机控制系统供电。本节使用的降压模块如图 8-3 所示。

(5) 蓝牙串口模块

手控部分与小车之间的无线通信通过蓝牙串口模块实现,通信协议为 UART。蓝牙模块通常自动识别配对,无需用户干预,选购时须注意工作电压,为兼容单片机系统 5 V 电压,推荐使用可工作在 5 V 的蓝牙串口模块。不同厂家生产制作的模块在使用上会有所不同,本节选用的蓝牙串口模块如图 8-4 所示。

其中,VCC 引脚接电源 5 V;RXD 引脚接单片机 TXD;TXD 引脚接单片机

第 8 章 手势遥控车

图 8-3 降压模块

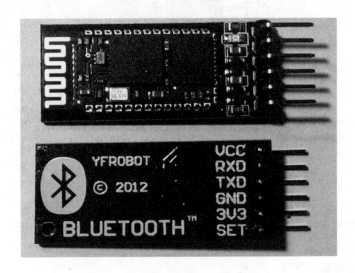

图 8-4 蓝牙 UART 串口模块

RXD；GND 引脚接电源地；3V3 引脚为 3.3 V 供电端口，在 3.3 V 控制系统中，可用此端口供电；SET 为主从模式选择，接高电平时为主模式，接地（或悬空）时为从模式，一对蓝牙模块必须一主一从方可配对连接。

2. 原理图

小车部分原理图如图 8-5 所示。

其中，

① 原理图为小车控制电路部分，手控部分电路可通过模块直接连接实现。

② L293D 的引脚 16（即 VCC1）为芯片工作电压，接 5 V；芯片引脚 8（即 VCC2）

第8章 手势遥控车

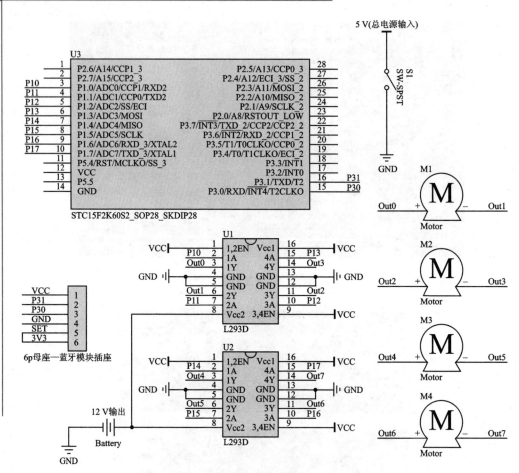

图 8-5 小车原理图

为电机驱动电源输入端,直接与电池 12 V 相连,VCC2 可连接最大电压为 36 V,视电机额定电压值而定。

3. 制作步骤

(1) 小车车身及控制电路

车身和控制电路使用同一张万能板,万能板为玻璃纤维板,玻璃纤维板较为结实,不易变形,焊接控制电路的同时还可当作小车底盘。根据原理图焊接好控制电路,如图 8-6 所示。

L239D 芯片输入端可直接通过万能板走线与单片机 I/O 口相连,输出端连接到排针,再通过杜邦线输出到减速电机。

芯片 L293D 的引脚 4、5、12、13 接地,若芯片本身安装了散热片,则散热片需与这些引脚共地。一般情况下,无需加散热片,但是在小车本身负载较重、电流较大、芯片明显有热感时,需要加散热芯片。本节在实物测试中电机实际工作电流较小,因此未安装散热芯片。L293D引出脚如图8-7所示。

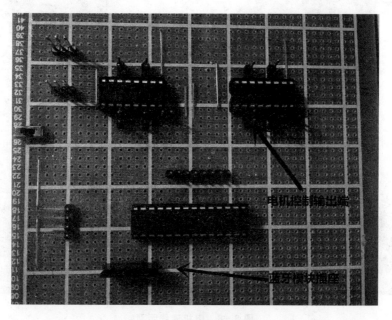

图8-6 焊接好的系统电路

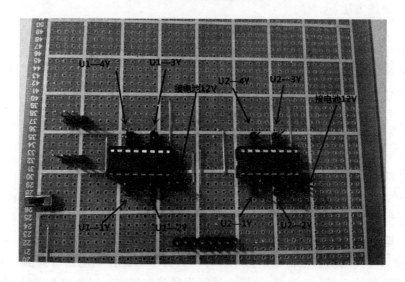

图8-7 驱动模块引脚连接示意

蓝牙通过5p母座固定在单片机一侧,此处为从模式,SET引脚可接地或悬空。

(2) 电机连线和安装

用电机固定座将电机固定在万能板4个角。直流电机需要区分正负极,固定好电机并连接好线的实物如图8-8所示。

第8章 手势遥控车

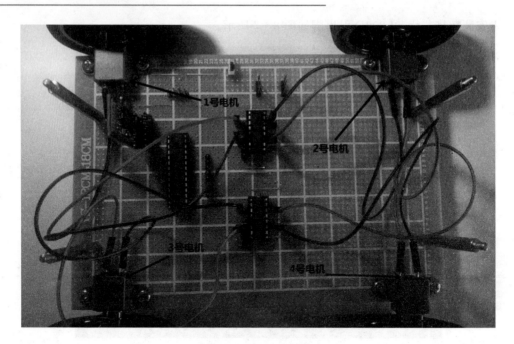

图8-8 电机连线示意

电机接线方法：
- 1号轮正极接 U1-L293D 输出端 1Y；
- 1号轮负极接 U1-L293D 输出端 2Y；
- 2号轮正极接 U1-L293D 输出端 3Y；
- 2号轮负极接 U1-L293D 输出端 4Y；
- 3号轮负极接 U2-L293D 输出端 1Y；
- 3号轮正极接 U2-L293D 输出端 2Y；
- 4号轮负极接 U2-L293D 输出端 3Y；
- 4号轮正极接 U2-L293D 输出端 4Y。

注意，由于两侧电机互为镜像，为保证两侧电机同时工作，1、2号（左侧）电机和3、4号电机（右侧）接线顺序相反。

(3) 电源部分

本项目中使用的锂电池输出为 12 V、6 A，为了满足控制电路所需的 5 V 电压，须接入降压模块，如图8-9所示，锂电池等用热熔胶固定。锂电池 12 V 输出通过排针分为两组，一组接入到降压模块输入端，一组输出到 L293D 芯片的 VCC2。将降压模块输出端调为 5 V，为控制电路供电。

(4) 车体组装

小车控制芯片下载好程序后，便可组装电源部分和控制部分。如图8-10所示，电源部分和车体部分通过 M3×50 mm 铜柱连接固定，也可根据实际情况选择适当长度的铜柱。至此，车体部分制作完毕。

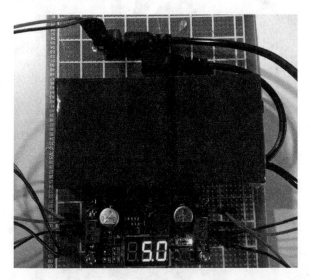

图 8-9　降压模块与锂电池连接示意

图 8-10　车体组装示意

(5) 手控部分

手控部分由电池盒、单片机、ADXL345 模块、蓝牙模块 4 部分组成。单片机等模块体积较小，可直接用较厚的双面胶或热熔胶将模块固定在电池盒上。制作手控部分时，只需要焊接一枚单片机到转接板即可，其余模块通过杜邦线直接与引出的单片机端口相连，连接好的手控电路图 8-11 所示。

各模块与单片机连线方法：

蓝牙模块与单片机：VCC 接 5 V，GND 接地，RXD 与单片机 TXD 连接(16 脚)，

第 8 章 手势遥控车

图 8-11 手控系统电路

TXD 与单片机 RXD 连接(15 脚),SET 脚与 3V3 短接(工作在主模式)。

ADXL345 模块与单片机:VCC 接 5 V,GND 接地,SCL 接 P1^0(3 脚),DAT 接 P1^1(4 脚),其余脚悬空。

4. 系统调试

① 为小车控制电路下载程序时,须关闭锂电池电源输出,此时供电通过 USB 转 TTL 串口模块,下载程序前须拔下蓝牙模块,否则不能正常下载程序。下载好程序后,断开下载线,安装好蓝牙模块并恢复锂电池供电。

② 为手控电路的单片机下载程序时,与小车控制电路下载程序方法一致,必须断开与蓝牙串口模块的连线和电池供电线。

③ 手控部分通电后,可观察到蓝牙模块闪烁灯快速闪烁,此时再寻找从模块,几秒钟的搜寻后,蓝牙指示灯变为常亮,代表配对成功。若长时间闪烁、不能成功配对,则可将小车和手控电路同时断电,重新上电后让蓝牙模块再次搜寻配对。配对过程中要始终保持手控部分处于水平状态、小车在人可控范围内。

④ 配对成功后,小车不会进行任何动作。将手控模块水平放在掌心,此时将手控模块前倾,小车前进;手控模块后倾,小车倒退;手控模块左、右倾,小车左转、右转。手控模块恢复到水平位置时,小车停止运动。

⑤ 常见故障及解决方法如下:

蓝牙模块配对不成功:注意是否为一主一从模式或重新断电后再上电连接。

蓝牙可配对成功但小车不受控:检查 RXD 与 TXD 的连线是否正确,市面上出售的绝大多数 UART 串口模块都是 RXD 与 TXD 连接,但仍有较少部分的 UART 模块是 RXD 与 RXD 连接,若为此种情况,需要调整 RXD 和 TXD 连线。

小车可以运动,但运动无规律:检查电机连线是否正确,尤其注意电机的正负极区分是否正确。

8.2 硬件原理

本节介绍 L293D 驱动芯片、ADXL345 加速度传感器、蓝牙串口模块的工作原理和控制方案。

8.2.1 L239D 电机驱动芯片

1. L293D 芯片基本功能

单片机端口的驱动能力十分有限,单个 I/O 口只能驱动发光二极管等低功耗元器件,驱动电机等大电流器件时,须借助专门的驱动芯片。L293D 为常用的电机驱动芯片,双向驱动电流高达 600 mA,电压从 4.5~36 V,专门用于驱动感性负载的继电器、电磁阀等,也可以给其他高电流/高电压提供电源负载。L293D 内部逻辑图如图 8-12 所示。L293D 输入输出真值表如表 8-2 所列。

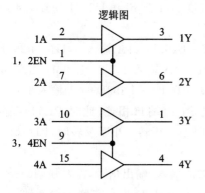

表 8-2 L293D 真值表

输	入	输 出
A	EN	Y
H	H	H
L	H	L
X	L	高阻态

图 8-12 L293D 内部逻辑图

2. L293D 控制电机原理

以单个电机为例,本节使用如下控制方案:
- 1,2EN(2 脚)连接电源正极;
- 1Y(3 脚)连接电机正极;
- 2Y(7 脚)连接电机负极;
- 1A 连接单片机 P1^0;
- 2A 连接单片机 P1^1;

当 P1^0 输出 1、P1^1 输出 0 时，1Y 输出 1、2Y 输出 0，电机正转；

当 P1^0 输出 0、P1^1 输出 1 时，1Y 输出 0、2Y 输出 1，电机反转。

1Y 或 2Y 的输出电压取决于 VCC2(8 脚)所连接入的电源电压，本项目中接入的是 12 V 锂电池，因此 1Y 或 2Y 输出电压为 12 V。1,2EN(2 脚)为一组的使能控制端口，接高电平时(接 5 V)，1A 和 2A 输入有效，1Y 和 2Y 对应输出电压信号，当 1,2EN 接地或给低电平时，无论 1A 和 2A 输入何种信号，1Y 和 2Y 均输出高阻态，此时不能驱动电机，也不会输出电流。本节的电路设计中是让 1,2EN 脚始终接高电平，在其他电路中可根据实际需要将 1,2EN 脚连接到单片机进行控制。

3. L293D 小车控制方案

本项目设计的小车为 4 轮式小车，因此需要两枚芯片方可满足 4 个电机的同时控制。

电机与芯片接线：1 号轮正极接 U1-L293D 输出端 1Y，1 号轮负极接 U1-L293D 输出端 2Y，2 号轮正极接 U1-L293D 输出端 3Y，2 号轮负极接 U1-L293D 输出端 4Y，3 号轮正极接 U2-L293D 输出端 1Y，3 号轮负极接 U2-L293D 输出端 2Y，4 号轮正极接 U2-L293D 输出端 3Y，4 号轮负极接 U2-L293D 输出端 4Y。

此接线模式下，当小车前进时，L293D 输出应为：U1-L293D-1Y 输出 0，U1-L293D-2Y 输出 1，U1-L293D-3Y 输出 0，U1-L293D-4Y 输出 1，U2-L293D-1Y 输出 0，U2-L293D-2Y 输出 1，U2-L293D-3Y 输出 0，U2-L293D-4Y 输出 1。

与之对应的输入端输入的控制信号为：U1-L293D-1A 输入 0，U1-L293D-2A 输入 1，U1-L293D-3A 输入 0，U1-L293D-4A 输入 1，U2-L293D-1A 输入 0，U2-L293D-2A 输入 1，U2-L293D-3A 输入 0，U2-L293D-4A 输入 1。

根据原理图可知，L293D 输入端与单片机 P1 组端口相连，此时 P1 口应输出 10101010，十六进制为 AAH，即当 P1=0xAA 时小车正转。小车反转时，P1=0x55；小车停止不动时，P1=0x00。

由上述结论可再次推导出小车左转、右转时的输入/输出信号，需要强调的是，小车左转或右转有两种动作方式。以左转为例，动作方式 1：小车左侧车轮不动，右侧车轮前进(正转)；动作方式 2：小车左侧车轮后退(反转)，右侧车轮前进(正转)。两种方式都可使小车进行转向运动，使用方式 1 时，小车转向缓慢，持续转向时，小车以一定半径做圆周运动。使用方式 2 时，小车转向十分灵活，持续转向时，小车以自身中心为圆形原地旋转(受地形、摩擦力或实物中心影响，也可能以极小半径做圆周运动)。若电机转速较快，建议使用方式 1，电机转速较慢可使用方式 2，本节采用方式 2 进行控制，左转时，L293D 输出应为：U1-L293D-1Y 输出 0、U1-L293D-2Y 输出 1，U1-L293D-3Y 输出 0、U1-L293D-4Y 输出 1，U2-L293D-1Y 输出 1，U2-L293D-2Y 输出 0，U2-L293D-3Y 输出 1，U2-L293D-4Y 输出 0。

与之对应的输入端输入的控制信号为：U1-L293D-1A 输入 0、U1-L293D-

2A 输入 1、U1-L293D-3A 输入 0、U1-L293D-4A 输入 1、U2-L293D-1A 输入 1、U2-L293D-2A 输入 0、U2-L293D-3A 输入 1、U2-L293D-4A 输入 0。此时 P1 端口应输出 01010000,十六进制为 5AH,即当 P1=0x5A 时,小车左转。同理可推出,小车右转时,P1=0xA5。

8.2.2 ADXL345 加速度模块

1. ADXL345 应用方案

ADXL345 是一款小而薄的超低功耗 3 轴加速度计,分辨率是 13 位,测量范围是 $-16g \sim 16g$。数字输出数据为 16 位二进制补码格式,可通过 SPI(3 线或 4 线)或 I^2C 数字接口访问。ADXL345 非常适合移动设备应用,可以在倾斜检测应用中测量静态重力加速度,还可以测量运动或冲击导致的动态加速度,能够测量不到 $1.0°$ 的倾斜角度变化。

ADXL345 可以实时输出 X、Y、Z 这 3 轴的倾角数据,模块水平放置时,3 轴数据相对固定;模块摆放位置发生变化时,势必影响到 3 轴数据的变化。小车的 4 个动作分别为前进、后退、左转、右转,与之对应的模块位置变化为模块向前倾斜、向后倾斜、向左或右倾斜。模块的倾斜动作势必影响模块内倾角数据变化,当数据变化满足一定条件时,发送前进指令给小车,小车执行相关动作程序。

2. ADXL345 通信方式

ADXL345 可使用 SPI 或 I^2C 通信,本节使用 I^2C 通信协议读取 ADXL345 数据。I^2C 通信程序如下:

```
void ADXL345_Start()
{
    SDA = 1;                //拉高数据线
    SCL = 1;                //拉高时钟线
    Delay5us();             //延时
    SDA = 0;                //产生下降沿
    Delay5us();             //延时
    SCL = 0;                //拉低时钟线
}
```

停止信号程序:

```
void ADXL345_Stop()
{
    SDA = 0;                //拉低数据线
    SCL = 1;                //拉高时钟线
    Delay5us();             //延时
    SDA = 1;                //产生上升沿
    Delay5us();             //延时
}
```

第8章 手势遥控车

实际程序中,可这样使用:

```
ADXL345_Start();
发送设备地址信号(如发送 A6,向模块写数据;如发送 A7,读模块数据)
发送 ADXL345 模块内部寄存器地址
向寄存器发送控制命令/读取寄存器数据(读取数据时,再发送一次 A7)
ADXL345_Stop();
```

无论是向 ADXL345 模块发送地址还是发送指令,都是向模块写数据。与 SPI 通信类似,I²C 通信也是通过一个 I/O 实现数据的传输,一次只能传输一位数据,需要重复 8 次才可完成一字节数据的读取。

从 ADXL345 总线接收一个字节数据程序:

```
unsigned char ADXL345_RecvByte()
{
    unsigned char i;
    unsigned char dat = 0;
    SDA = 1;                    //使能内部上拉,准备读取数据
    for (i = 0; i<8; i++)       //8 位计数器
    {
        dat <<= 1;
        SCL = 1;                //拉高时钟线
        Delay5us();             //延时
        dat |= SDA;             //读数据
        SCL = 0;                //拉低时钟线
        Delay5us();             //延时
    }
    return dat;
}
```

先将数据脚 SDA 置 1,在 SCL 的一个下降沿内完成一位数据的读取,在整个下降沿周期不小于 5 μs。

向 ADXL345 发送一字节数据时,需要判断是否完成数据传输,若完成,则返回"0";若未完成,则返回"1"。同时,单片机需要应答这个信号,若收到"0",则返回"1";若收到"1",则返回"0"。

接收应答信号程序:

```
bit ADXL345_RecvACK()
{
    SCL = 1;                    //拉高时钟线
    Delay5us();                 //延时
    flag = SDA;                 //读应答信号
    SCL = 0;                    //拉低时钟线
    Delay5us();                 //延时
    return flag;
}
```

发送应答信号程序:

```c
void ADXL345_Stop()
{
    SDA = 0;                //拉低数据线
    SCL = 1;                //拉高时钟线
    Delay5us();             //延时
    SDA = 1;                //产生上升沿
    Delay5us();             //延时
}
```

向 ADXL345 总线发送一个字节数据后，须调用接收应答信号函数，程序如下：

```c
void ADXL345_SendByte(unsigned char dat)
{
    unsigned char i;
    for(i = 0; i<8; i++)    //8 位计数器
    {
        SDA = dat&0x80;
        SCL = 1;            //拉高时钟线
        Delay5us();         //延时
        SCL = 0;            //拉低时钟线
        Delay5us();         //延时
        dat <<= 1;
    }
    ADXL345_RecvACK();
}
```

类似数据接收程序，在 SCL 的一个下降沿内完成一位数据的读取。与之前学习的 SPI 通信每次发送数据位的最低位不同，此处 SDA 发送的是数据最高位。

8.2.3 蓝牙 UART 串口模块

1. UART 协议简介

UART 是一种通用串行数据总线，用于异步通信。该总线双向通信，可以实现全双工传输和接收。UART 可直接用于单片机对单片机、单片机对 UART 设备的通信应用中。与 SPI、I²C 通信相比，UART 具有编程简单易于操作等优点，且通过 UART 协议可直接使单片机和 PC 机进行数据通信。本节选用的蓝牙串口模块为 TTL 电平，兼容 5 V 或 3.3 V 单片机，默认波特率 9 600 bps，支持 8 位数据位、一位停止位、无奇偶校验位的通信格式。

2. UART 串口模块使用方法

单片机本身支持 UART 协议，常规使用时，只需要将两个单片机的 RXD 和 TXD 端口与蓝牙模块的 TXD、RXD 连接即可。蓝牙模块会自动将单片机接收到的数据调制、解调，蓝牙模块此处作用只是将 UART 协议通信方式由有线变为无线，并不对 UART 协议本身有任何影响。单片机与单片机通过一对蓝牙模块通信时，须将蓝牙模块设置为一主一从模式，不同厂商生产的蓝牙模块设置主从方式会有所不同。

以本书选用的蓝牙模块为例,模块通过 SET 脚设置,当 SET 脚接高电平(实测接 3.3 V 亦可)时为主模式,SET 脚接地或悬空时为从模式,只有一主一从的蓝牙模块方可进行配对。配对成功后的蓝牙模块即可正常交换数据,此时与传统的导线式通信无任何区别。

8.2.4 锂电池与降压模块

小车电机工作电压为 12 V,为满足电机供电,选用的锂电池为 12 V、6 A。锂电池输出直接接到 L293D 芯片的 VCC2 脚,通过 Y 输出端口为电机供电。建议在选用电池时使用支持较大电流的锂电池,较大的电流输出可保证电机稳定工作。电压视电机额定工作电压而定。

降压模块核心为 LM2596S(降压开关型集成稳压芯片),主要参数如下:
- 输入电压范围:4.2~40 V;
- 可调电压输出范围:1.25~36 V;
- 输出最大电流 3 A。

8.3 程序详解

本节主要介绍 ADXL345 模块数据读取、数据分析、数据处理及 UART 串口程序。

8.3.1 ADXL345 模块 3 轴数据读取

X、Y、Z 这 3 轴数据依次存放在 ADXL345 寄存器 32H~37H 中,每轴数据占 2 字节,因此需要连续 6 次读取寄存器数据,程序代码如下:

```
void Multiple_read_ADXL345(void)
{
    unsigned char i;
    ADXL345_Start();                    //起始信号
    ADXL345_SendByte(0xA6);             //发送设备地址+写信号
    ADXL345_SendByte(0x32);             //发送存储单元地址,从 0x32 开始
    ADXL345_Start();                    //起始信号
    ADXL345_SendByte(0xA7);             //发送设备地址+读信号
    for (i = 0; i<6; i++)               //连续读取 6 个地址数据,存储中 BUF
    {
        BUF[i] = ADXL345_RecvByte();    //BUF[0]存储 0x32 地址中的数据
        if (i == 5)ADXL345_SendACK(1);  //最后一个数据需要回 NOACK
        else ADXL345_SendACK(0);        //回应 ACK
    }
    ADXL345_Stop();                     //停止信号
    Delay5ms();
}
```

连续读取到的倾角数据存放在数组 BUF 中,其中:
- BUF[0]为 X 轴低 8 位数据,BUF[1]为 X 轴高 8 位数据;
- BUF[2]为 Y 轴低 8 位数据,BUF[3]为 Y 轴高 8 位数据;
- BUF[4]为 Z 轴低 8 位数据,BUF[5]为 Z 轴高 8 位数据。

8.3.2　3 轴数据处理

为便于后续程序处理,需将 3 轴的两个 8 位数据合并为 16 位数据。通过函数 Data_Process()如下语句实现:

```
XYZ_data[0] = BUF[1]<<8|BUF[0];
XYZ_data[1] = BUF[3]<<8|BUF[2];
XYZ_data[2] = BUF[5]<<8|BUF[4];
```

其中,XYZ_data[0]存放 X 轴数据,XYZ_data[1]存放 Y 轴数据,XYZ_data[2]存放 Z 轴数据。由于倾角数有正负之分,数组数据类型为有符号型。

得到 3 轴数据后,需要判断数据与倾角变化的对应关系,一般是通过串口助手软件将单片机读取到的数据发送到 PC 端观察。若直接发送 3 轴数据,得到是十六进制字符,且由于倾角有正负之分,负数的十六进制数据不易于观察变化规律,因此需要将得到的 3 轴数据通过 sprintf 函数进一步处理。sprintf 是个变参函数,头文件为 stdio.h,作用是将字符串格式化输出。程序中代码如下:

```
sprintf(Sbuf,"X= %d,Y= %d,Z= %d\n",XYZ_data[0],XYZ_data[1],XYZ_data[2]);
```

括号中,共有 3 个"%d",即以十进制形式输出。sprintf 函数的作用是将 XYZ_data 数组中的数据以十进制存放在数组 Sbuf 中。例如,当"XYZ_data[0]=0,XYZ_data[1]=−10,XYZ_data[2]=255"时,执行 sprintf 格式化输出后,Sbuf。数组内容为:{"X=0,Y=−10,Z=255\n"},Sbuf。数组内字符串"X= ,Y= ,Z=\n"是固定不变的,"="后面的倾角数据是变量,由 XYZ_data 数组决定。"\n"的作用是换行,发送到 PC 段后可自动实现换行显示。

8.3.3　串口初始化和串口发送程序

单片机在使用 UART 串口前,须对串口进行初始化设置,STC15 系列单片机串口初始化程序与传统 8051 单片机完全兼容,也可根据 STC 官方软件提供的软件直接生成。使用 STC 增强型单片机时,时钟可工作在 1T 模式,支持更高速率的波特率。使用 STC 官方软件生成 UART 初始化程序如图 8-13 所示。

此处设置时钟频率为 11.0592 MHz,波特率为 9600,串口为默认串口 1,UART 数据位默认是 8 位数据,波特率发生器为定时器 1(16 位自动重载−15 系列),定时时钟为 1T。生成的 C 代码即为 UART 串口初始化程序。

单片机串口单独发送一字节的程序为:

第8章 手势遥控车

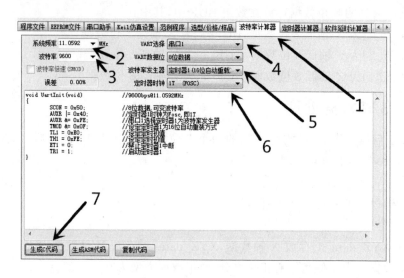

图 8-13 波特率初始化设置示意

```
SBUF = temp;
while(!TI);
TI = 0;
```

其中，temp 为需要发送的数据，可以是变量、立即数或是数组内的数据。当数据发送完毕后，发送标识为 TI 自动置 1，需要软件置 0。当需要连续多字节发送数据时，可通过 for 循环实现，如将 Sbuf 数组中的 Sbuf[0]～Sbuf[7]连续发送到串口，程序为：

```
for(i = 0;i<8;i++)
{
    SBUF = Sbuf[i];
    while(!TI);
    TI = 0;
}
```

本章程序 C8-1 中，Sbuf 数组内存放的字符串长度是不固定的，这是因为读取到的 3 轴数据位数并不固定，如：

Sbuf[32] = { "X = 0,Y = -10,Z = 255 \n "}
Sbuf[32] = { "X = -128,Y = 150,Z = 200 \n "}

两种情况下的数组内字符串长度并不相同，由实时的倾角数据决定。数据发送时需要知道当前数组内的字符串长度，程序中通过 strlen 函数实现。

使用 strlen 须包含 string.h 头文件，其所做的仅仅是一个计数器的工作，从内存的某个位置（可以是字符串开头、中间某个位置，甚至是某个不确定的内存区域）开始扫描，直到碰到第一个字符串结束符"\0"为止，然后返回计数器值（长度不包含"\0"）。

程序举例：

```
unsigned char Sbuf[32] = {"Hello"};    //共 5 个字符
unsigned char j;
j = strlen(Sbuf);
```

运行结果为 j=5。

程序 C8-1 中，Send()函数总用法如下：

```
void Send()
{
    unsigned char i,j;
    j = strlen(Sbuf);
        for(i = 0;i<j;i++)
        {
            SBUF = Sbuf[i];
            while(! TI);
            TI = 0;
        }
}
```

连续发送的次数由变量 j 决定，j 的值根据 Sbuf 数组内真实的字符串个数变化。使用 strlen 函数时，无须人为计算 Sbuf 数组内字符串个数。

8.3.4 3 轴数据分析

程序中，每隔 300 ms 采集一次 ADXL345 数据发送到串口，借助串口助手软件观察所测得的倾角数据，下面以 STC 官方下载软件内置的串口助手功能做演示。将手控电路和 USB 转 TTL 下载器连接，此时不使用电池盒供电，须断开电池供电。下载文件 C8-1. hex 到单片机。接线方法：手控电路的 VCC、GND、RXD、TXD 分别接 USB 转 TTL 的 VCC、GND、TXD、RXD。

这样，USB 转 TTL 下载器即可给单片机下载程序，也可通过 UART 协议使单片机与 PC 机通信。下载好程序后，保持与下载器接线不变，打开 STC 官方 ISP 软件中的串口助手功能，如图 8-14 所示，软件左侧可观察串口号，本例中为串口 3（不同计算机下会有所不同）。

接收缓冲区下方的接收格式选项中，默认为 HEX 模式，此处须选择为文本模式。串口选择 COM3。波特率设置为 9 600。完成如上设置后单击"打开串口"按钮，则可观察到不断有数据输入到接收缓冲区，如图 8-15 所示。

下面介绍加速度传感器数据分析方法。

1. 小车左转——ADXL345 模块左倾数据

先让模块处于水平位置，再将模块缓慢向左倾斜，观察串口助手数据，如图 8-16 所示。可见，模块向左倾斜时，X 轴数据随着斜角变大，X 轴绝对值越大。其他轴数据变化不明显。

第8章 手势遥控车

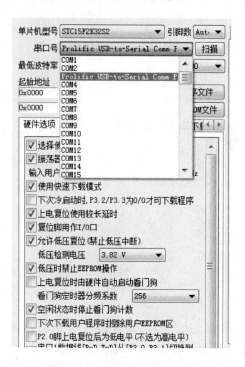

图8-14 串口助手功能界面

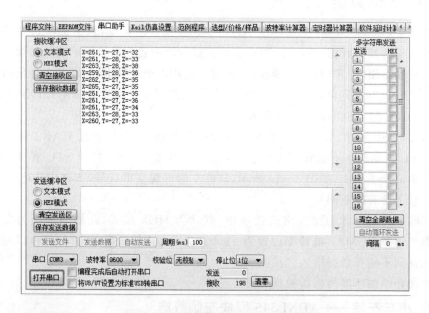

图8-15 串口接收到的单片机数据

用同样的方法,可分别测出小车右转(模块右倾)、前进(模块前倾)、后退(模块后倾)的数据变化规律。

第 8 章　手势遥控车

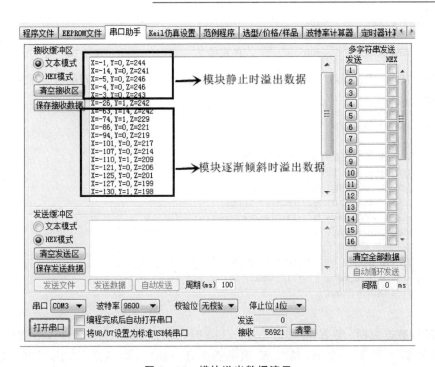

图 8-16　模块溢出数据演示

2. 小车右转——ADXL345 模块右倾数据

模块向右倾斜时,X 轴数据为正值,且倾斜角越大,X 轴绝对值越大。其他轴的数据变化不明显。

3. 小车前进——ADXL345 模块前倾数据

模块向前倾斜时,Y 轴数据为正值,且倾斜角越大,Y 轴绝对值越大。其他轴的数据变化不明显。

4. 小车后退——ADXL345 模块后倾数据

模块向前倾斜时,Y 轴数据为负值,且倾斜角越大,Y 轴绝对值越大。其他轴的数据变化不明显。

8.3.5　控制指令

根据 8.3.4 小节中的测试结果,可设定如下规则:
➢ X 轴数据 XYZ_data[0]控制小车左转或右转;
➢ Y 轴数据 XYZ_data[1]控制小车前进或后退。
根据 L293D 驱动原理,小车动作指令可定义为:

```
#define Go          0xAA        //前进指令
#define Back        0x55        //后退指令
```

第 8 章 手势遥控车

```
#define Left      0x5A       //左转指令
#define Right     0xA5       //右转指令
#define Stop      0x00       //停止指令
```

通过 Data_Process() 子函数对 X、Y 轴数据的判断,发送不同的控制指令,程序代码如下:

```
void Data_Process()
{
    XYZ_data[0] = BUF[1]<<8|BUF[0];
    XYZ_data[1] = BUF[3]<<8|BUF[2];
    //X 轴数据判断
    if(XYZ_data[0]<-110)CMD1 = Left;
    else if(XYZ_data[0]>110)CMD1 = Right;
    else CMD1 = Stop;
    //Y 轴数据判断
    if(XYZ_data[1]<-110)CMD2 = Back;
    else if(XYZ_data[1]>110)CMD2 = Go;
    else CMD2 = Stop;
}
```

X 轴数据判断:当 X 轴数据小于 -110 时,执行"CMD1 = Left;",不满足条件(else)则进入到下一个 if,判断 X 轴是否大于 110,若满足条件,执行"CMD1 = Right;",既不满足小于 -110 也不满足大于 110 条件时,执行"CMD1 = Stop"。

Y 轴数据判断:原理同 X 轴数据判断,Data_Process() 函数中判断的数值(如 -110、110)可根据实际需要设定,数组的绝对值越小,模块倾斜度变化较小范围即可执行对应语言,反之,ADXL345 模块倾角变化较大时才可发送控制指令。此处绝对值为 110,模块倾角在 35°~40°时,单片机发送对应控制指令。

配套资料的程序代码 C8-2 中,数据发送子函数为带参数的函数,目的是方便发送不同的控制字命令,代码如下:

```
void Send(unsigned char CMD)
{
    SBUF = CMD;
    while(! TI);
    TI = 0;
}
```

需要发送小车左右动作控制字 CMD1 时,可直接写为"Send(CMD1);"。

在实际的手势操控中,会出现 ADXL345 模块向前(或后)倾的同时向左或右倾斜,此时须做优先级处理。当 ADXL345 模块在 X 轴数据发生变化,即小车需要左或右转向时,此时应屏蔽掉前进或后退指令。此功能通过 direction_judge() 函数实现,程序代码如下:

```
void direction_judge()
{
```

```c
    if(CMD1 == Left|CMD1 == Right)Send(CMD1);
    else Send(CMD2);
}
```

当 CMD1 的值满足左转或右转时，发送 CMD1，不满足条件则发送 CMD2。

8.3.6 小车制动命令接收程序

单片机串口接收程序中，与串口发送程序一样，都需要做初始化设置，不同之处在于，串口接收程序为中断程序，因此需要开单片机中断，程序代码如下：

```c
void UartInit()          //9600bps@11.0592MHz
{
    EA = 1;              //开总中断
    ES = 1;              //开串口中断
    SCON = 0x50;         //8 位数据,可变波特率
    AUXR |= 0x40;        //定时器 1 时钟为 Fosc,即 1T
    AUXR &= 0xFE;        //串口 1 选择定时器 1 为波特率发生器
    TMOD &= 0x0F;        //设定定时器 1 为 16 位自动重装方式
    TL1 = 0xE0;          //设定定时初值
    TH1 = 0xFE;          //设定定时初值
    ET1 = 0;             //禁止定时器 1 中断
    TR1 = 1;             //启动定时器 1
}
```

当 UART 串口接收完一字节程序后，接收标志位 RI 自动置 1，此时可将 SBUF 接收到的数据转存，之后将 RI 置 0，程序如下：

```c
void uart_receive(void) interrupt 4
{
    if(RI)
    {
        Rec_Data = SBUF;
    }
    RI = 0;
}
```

功能：将接收到的数据转存给变量 Rec_Data。

8.3.7 小车控制程序

小车控制主程序中，只需要对 P1 口进行赋值即可。P1 输出不同控制字时，小车也随之变化动作。理论上，主程序内死循环可写为：

```c
while(1)
{
    P1 = Rec_Data;
}
```

P1 端口值由接收到的控制字决定，此时即可实现对电机的控制。但在实际测试

第8章 手势遥控车

过程中发现，无线 UART 设备（如蓝牙模块、Wi-Fi 模块）在通电瞬间会自动溢出干扰数据，通常是模块自带的应答信号，此信号仍可发送到单片机，并使单片机 P1 口输出控制信号，于是小车会误动作。为避免此情况，循环中程序改为：

```
while(1)
{
    if(Rec_Data == Go||Rec_Data == Back||Rec_Data == Left||Rec_Data == Right||Rec_Data == Stop)
    P1 = Rec_Data;
    else   P1 = Stop;
}
```

只有当接收到的数据满足前进、后退、左转、右转、停止命令任意数值时，才执行"P1＝Rec_Data;"否则，执行"P1＝Stop;"，小车处于停止状态。

第 9 章 极 光

极光设计最早源自美国,原作者取名为 Aurora,直译为极光,原设计以意法半导体公司的 STM8 单片机为主控芯片。本书以 STC15F2K32S2 为主控芯片,驱动电路为 PNP 型三极管,降低了制作成本;同时,利用 STC15 系列单片机的 3 路 PWM 输出,降低了程序设计难度。通过本章节的学习,读者可以掌握增强型单片机的 PWM 功能及 RGB LED 控制方案。

9.1 硬件制作

本项目制作难度较大,无法使用万能板搭建系统电路,因此使用定制 PCB 板。通过学习极光项目制作,读者可以学到 RGB 灯珠电路控制原理及 PCB 布线方案。本项目使用的 PCB 板单片加工费用为 15~20 元。PCB 工程文件在本书配套资料中下载。

9.1.1 元件材料

元件和材料清单如表 9-1 所列。

表 9-1 元件材料清单

名 称	数 量	规格/型号
PCB	1	定制
单片机 STC15F2K23S2	1	LQFP32
三极管 s8550	15	SOT-23
100 Ω 电阻	3	0603
1 kΩ 电阻	12	0603
4.7 kΩ 电阻	12	0603
贴片按钮	1	3 mm×6 mm×5 mm
钽电容(220 μF)	1	7343
贴片电容(100 nf)	2	0805

续表 9-1

名　称	数　量	规格/型号
铜柱（配螺母）	4	3 mm
弯排针	4	
RGB 雾状灯珠	162	
USB 转 TTL 下载器	1	

9.1.2　原理图及 PCB

原理如图 9-1 所示。图中，三极管 Q1～Q9 代表 9 组 RGB 灯珠，即极光实物中的 9 圈灯珠，每组由 18 只灯珠的 R、G、B 和阴极全部并联；R、G、B 分别连接到 R-bus、G-bus、B-bus 总线上。

PCB 如图 9-2 所示。加工好的 PCB 如图 9-3 所示。

3. 制作步骤

(1) 元件焊接

先焊接单片机、C1、C2 电容（PCB 背面），再焊接 4P 排针到 VCC、TXD、RXD、GND，准备下载测试程序。下载程序时需注意，PCB 中未设计总电源开关，可以手动拔插 VCC 接线从而实现冷启动下载程序，或使用带有电源开关功能的下载器下载程序。确保 PCB 可正常下载程序后，再焊接三极管和电阻，焊接好后，测试整个电路是否有短路、断路。

(2) 灯珠焊接

焊接灯珠时，以"圈"为单位，即一次只焊接一圈上的灯珠。每焊接好 2～3 颗灯珠后须通电测试，不宜焊接过多灯珠后再测试，否则难以排查故障。单片机须下载好测试文件 test.hex，通电后，灯珠会不断重复显示红、绿、蓝 3 种颜色。

(3) 其他元件

焊接好灯珠并测试完后，焊接剩余元件是贴片开关、Mini-USB 母座。焊接好的实物如图 9-4 所示。

常见故障及排除方法：

① 通电后灯珠缺少某一种颜色。

不管缺少的是哪种颜色，都是短路导致，例如红色不亮而绿色蓝色正常，则为红色引脚和灯珠 GND 引脚短路；如绿色或蓝色缺失，则可能是绿色和蓝色短路或与 GND 短路。排除方法：用万用表检测即可。

② 通电测试不显示任何颜色。

排除方法：灯珠负极引脚未正确焊接导致，或三极管焊接不正确，检测三极管及电阻是否焊接正常，元件是否损坏。

第 9 章 极 光

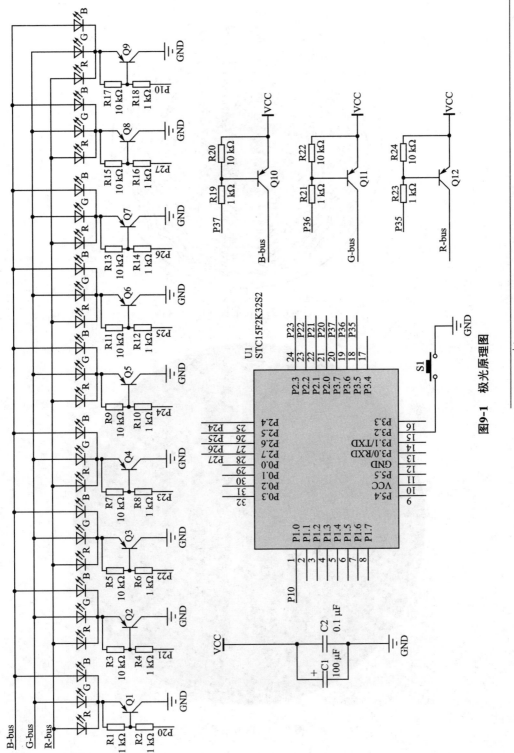

图9-1 极光原理图

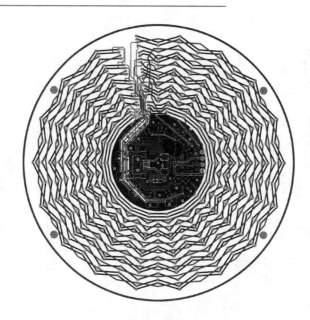

图 9-2 PCB 布线图

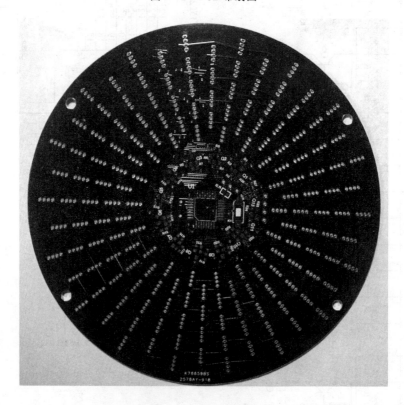

图 9-3 PCB 成品图

第 9 章 极 光

图 9-4 制作好的极光

③ 灯珠数量较多时,亮度不均匀。

随着灯珠数量增加,所需电流会越来越大,建议使用 5 V/1 A 直流电源为系统供电。

④ 某种颜色常亮。

颜色变化时,某种颜色始终存在,如红色颜色常亮效果为依次显示红、紫(红色和蓝色组合)、黄(红色和绿色组合),这是因为红色常亮而只能看到组合色。排除方法:检查三极管之间是否有短路、三极管是否损坏,贴片三极管在焊接时由于温度影响较容易损坏。

4. 系统调试

下载测试程序 test.hex 时,晶振频率选择 11.059 2 MHz,用于焊接时灯珠测试。完整功能程序为 C9-3.hex,下载时晶振频率选择 33.177 6 MHz,工作在此振荡频率的显示效果最佳。下载好程序后,极光默认不显示动画,即待机模式。第一次按下切换按钮后,极光进入第一动画模式(即波浪式动画),自内向外不断变化颜色;再次按下切换按钮,进入到第二动画模式(即"呼吸灯"模式);第三次按下切换按钮后,恢复到待机模式。极光显示效果如图 9-5 所示。

第 9 章 极 光

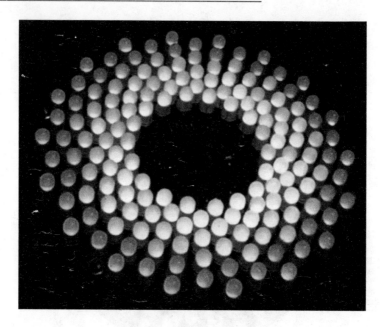

图 9-5 极光显示效果

9.2 硬件原理

本节介绍极光的 RGB 灯珠控制原理及 STC15 系列增强型单片机的 PWM 功能。

9.2.1 灯珠控制电路原理

极光共由 162 颗 3 色共阴极 LED 组成,分为 9 圈,每圈中 18 颗 LED 的共阴极和 R、G、B 这 3 色引脚并联,因此一圈灯珠同时切换颜色。每圈的共阴极由一只三极管控制,三极管为 PNP 型的 8550,组成"电子开关",当基极(B)接通高电位(即逻辑"1")时,三极管为截止状态;当基极接通低电位(即逻辑"0")时,三极管导通。当需要点亮某一圈时,对控制该圈的三极管基极置"0"即可。

根据视觉暂留原理,极光的 9 圈是分时工作的,由内到外,第一圈通电、输出颜色,然后第二圈通电、输出颜色……依此类推。每圈之间的切换时间只有 30 μs,远远小于人类的视觉暂留时间,故人眼看上去 9 圈 LED 是同时工作的。

LED 的 3 色同样由三极管组成的"电子开关"控制通断,所有灯珠的红、绿、蓝 3 色分别并联在一起,由单片机的硬件 PWM 输出端口控制。当某一圈 LED 通电工作时,单片机 3 路 PWM 端口对应的输出不同,从而实现不同颜色的显示。

9.2.2 颜色变化原理(PWM 控制方案)

传统 8051 单片机实现 PWM 脉冲输出时须借助定时器中断,代码量较长、占用较多单片机资源。本节选用的 STC15F2K32S2 单片机属于 STC15F2K 系列,内置了 3 路 8 位 PWM,由于是硬件输出 PWM,从而提高了 PWM 精确度,大大减少了程序代码。

PWM(即脉冲宽度调制)这里可以简单理解成数字量转为模拟量。LED 除了亮、灭的开关量变化,还有亮度的模拟量变化,PWM 在这里的作用是改变单片机 I/O 口输出的有效值电压,不同电压的组合可实现灯珠不同颜色的组合。例如:灯珠红色极输入电压 2.5 V,蓝色极输入 3 V,显示紫色;当红色极输入 1.5 V(红色亮度较弱)、蓝色极输入 3 V,此时就是蓝紫色。

9.2.3 PWM 相关寄存器

STC 单片机的 PWM 输出功能实际上是其可编程计数器阵列(CCP/PCA)模块应用,可用于软件定时器、外部脉冲的捕捉、高速脉冲输出及本节使用的脉宽调制输出。STC15F2K 系列单片机的 PWM 端口可在 3 组不同引脚之间进行切换。

与 CCP/PCA/PWM 功能相关的特殊功能寄存器如表 9-2 所列。这里只介绍程序项目中涉及的相关寄存器功能,更多功能请参考 STC 官方手册。

表 9-2 CCP/PCA/PWM 寄存器

名 称	描 述	地 址	复位值
CCON	PCA 控制寄存器	D8	00xx xx00
CMOD	PCA 工作模式寄存器	D9	00xx x000
CCAPM0	PCA 模块 0 的 PWM 寄存器	DA	0000 0000
CCAPM1	PCA 模块 1 的 PWM 寄存器	DB	0000 0000
CCAPM2	PCA 模块 2 的 PWM 寄存器	DC	0000 0000
CL	PCA 计数器低字节	E9	0000 0000
CH	PCA 计数器高字节	F9	0000 0000
CCAP0L	PCA 模块 0 的捕捉/比较寄存器低字节	EA	0000 0000
CCAP0H	PCA 模块 0 的捕捉/比较寄存器高字节	FA	0000 0000
CCAP1L	PCA 模块 1 的捕捉/比较寄存器低字节	EB	0000 0000
CCAP1H	PCA 模块 1 的捕捉/比较寄存器高字节	FB	0000 0000
CCAP2L	PCA 模块 2 的捕捉/比较寄存器低字节	EC	0000 0000
CCAP2H	PCA 模块 2 的捕捉/比较寄存器高字节	FC	0000 0000
PCA_PWM0	PCA 模块 0 的 PWM 模式选择寄存器	F2	xxxx xx00

续表 9-2

名称	描述	地址	复位值
PCA_PWM1	PCA 模块 1 的 PWM 模式选择寄存器	F3	xxxx xx00
PCA_PWM2	PCA 模块 1 的 PWM 模式选择寄存器	F4	xxxx xx00
P_SW1	PWM 端口切换控制寄存器	A2	0000 0000

1. CCON 寄存器

CCON 寄存器为 PCA 控制寄存器,可位寻址,其格式如表 9-3 所列。

表 9-3 CCON 寄存器位标识

位	B7	B6	B5	B4	B3	B2	B1	B0
名称	CF	CR	—	—	—	CCF2	CCF1	CCF0

位功能如下:

CF:PCA 计数器阵列溢出标志位。当 PCA 计数器溢出时,CF 由硬件置位。如果 CMOD 寄存器的 ECF 位置 1,则 CF 可用来产生中断标志位。CF 位可通过硬件或软件置位,但只可通过软件清零。

CR:PCA 计数器阵列运行控制位。该位通过软件置位,用来启动 PCA 计数器阵列计数。该位通过软件清零,用来关闭 PCA 计数器。若使用 PWM 输出功能,则该位必须置 1。

CCF2、CCF1、CCF0:PCA 模块 2、PCA 模块 1、PCA 模块 0 的中断标志位。当出现匹配或捕获时,该位由硬件置位。该位必须通过软件清零。当不需要使用 PWM 中断功能时,无须考虑使用 CCF2、CCF1、CCF0 位。

2. CMOD 寄存器

PCA 工作模式控制寄存器 CMOD,其格式如表 9-4 所列。

表 9-4 CMOD 寄存器位标识

位	B7	B6	B5	B4	B3	B2	B1	B0
名称	CIDL	—	—	—	CPS2	CPS1	CPS0	ECF

其中,与 PWM 相关的功能位为 B3、B2、B1,用于选择 PWM 的时钟源输入,其他位均置 0。改变 CPS2、CPS1、CPS0 的赋值,可选择不同时钟源工作,如表 9-5 所列。

表 9-5 PWM 系统时钟源设置参数

CPS2	CPS1	CPS0	选择时钟源输入
0	0	0	0,系统时钟/12
0	0	1	1,系统时钟/2

续表 9-5

CPS2	CPS1	CPS0	选择时钟源输入
0	1	0	2，定时器 0 的溢出脉冲
0	1	1	3，P1.2（或 P3.4、P2.4）脚输入的外部时钟（最大：系统时钟/2）
1	0	0	4，系统时钟
1	0	1	5，系统时钟/4
1	1	0	6，系统时钟/6
1	1	1	7，系统时钟/8

本章程序中，CMO 赋值为 0x02，即 CPS2＝0、CPS1＝0、CPS0＝1，使用系统时钟的 1/2 分频作为时钟的输入源。

3. CH 和 CL 寄存器

CH 和 CL 分别为 PCA 计数器低字节和高字节数据寄存器，用于保存 PCA 的装载值。PWM 初始化时，赋值为 0 即可。

4. CCAPM0、CCAPM1、CCAPM2 寄存器

PCA 模块的 PWM 功能寄存器用于设置 3 路 PWM 功能是否启用，内部功能如图 9-6 所示。

CCAPM0							
B7	B6	B5	B4	B3	B2	B1	B0
—	ECOM0	CAPP0	CAPN0	MAT0	TOG0	PWM0	ECCF0
CCAPM1							
B7	B6	B5	B4	B3	B2	B1	B0
—	ECOM1	CAPP1	CAPN1	MAT1	TOG1	PWM1	ECCF1
CCAPM0							
B7	B6	B5	B4	B3	B2	B1	B0
—	ECOM2	CAPP2	CAPN2	MAT2	TOG2	PWM2	ECCF2

图 9-6　CCAPM0、CCAPM1、CCAPM2 寄存器位标识

其中，ECOM0、ECOM1、ECOM2 为允许功能控制位，使用某组 PWM 功能时，此位须置 1。PWM0、PWM1、PWM2 为脉宽条件模式运行位，使用某组 PWM 功能时，此位须置 1。例如须使用 CCP0 模块作为 PWM 输出时，CCAPM0 赋值为 0x42（CCAPM0＝0X42）即可。

5. PCA_PWM0、PCA_PWM1、PCA_PWM2 寄存器

PCA 模块的 PWM 模式选择寄存器，用于控制 PWM 的工作模式，格式如图 9-7

所示。

PCA_PWM0							
B7	B6	B5	B4	B3	B2	B1	B0
EBS0_1	EBS0_0					EPC0H	EPC0L
PCA_PWM1							
B7	B6	B5	B4	B3	B2	B1	B0
EBS1_1	EBS1_0					EPC1H	EPC1L
PCA_PWM2							
B7	B6	B5	B4	B3	B2	B1	B0
EBS2_1	EBS2_0					EPC2H	EPC2L

图 9-7 PCA_PWM0、PCA_PWM1、PCA_PWM2 寄存器位标识

3 组寄存器的内部位标识完全相同,其中,B7 和 B6 位用于控制 PWM 精度。以 PCA_PWM0 为例,B7、B6 位赋值与 PWM 精度关系如表 9-6 所列。

表 9-6 PWM 精度配置参数

EBS0_1	EBS0_0	模式说明
0	0	PCA 模块工作在 8 位 PWM 模式
0	1	PCA 模块工作在 7 位 PWM 模式
1	0	PCA 模块工作在 6 位 PWM 模式
1	1	无效值,PCA 模块仍工作在 8 位 PWM 模式

6. CCAPnL、CCAPnH 寄存器

对于 PCA 模块 0 的捕捉/比较寄存器 CCAPnL(低字节)、CCAPnH(高字节),当 PCA 模块用于 PWM 模式时,它们用于控制占空比,其中 n=0,1,2,分别对应模块 0、模块 1、模块 2。程序中,用户只须对寄存器 CCAPnH 进行赋值操作即可改变 PWM 占空比。

7. P_SW1 寄存器

P_SW1 为 PWM 端口切换控制寄存器,不可位寻址,用于实现 PWM 在不同组 I/O 口的切换,其格式如表 9-7 所列。

表 9-7 P_SW1 寄存器中与端口切换的相关位

位	B7	B6	B5	B4	B3	B2	B1	B0
名称			CCPS_1	CCPS_0				

其中,控制 PWM 端口切换功能的是 B5 和 B4 位,即 CCPS_1 和 CCPS_0,此两

位赋值与 PWM 输出端口对应关系如表 9-8 所列。

表 9-8 PWM 输出端口配置示意

CCPS_1	CCPS_0	工作端口
0	0	CCP 在[P1.2/ECI,P1.1/CCP0,P1.0/CCP1,P3.7/CCP2]
0	1	CCP 在[P3.4/ECI,P3.5/CCP0,P3.6/CCP1,P3.7/CCP2]
1	0	CCP 在[P2.4/ECI,P2.5/CCP0,P2.6/CCP1,P2.7/CCP2]
1	1	无效

9.2.4 PWM 初始化设置

STC15F2K60S2 系列单片机 PWM 功能初始化程序如下：

```
void PWM_int()
{
    ACC   =  P_SW1;
    ACC  &= ~(CCP_S0|CCP_S1);
    ACC  |= CCP_S0;
    P_SW1 = ACC;
    CCON  = 0;
    CL    = 0;
    CH    = 0;
    CMOD  = 0X02;
    PCA_PWM0 =            0X00;
    CCAP0H   = CCAP0L =   0;
    CCAPM0   =            0X42;
    PCA_PWM1 =            0X00;
    CCAP1H   = CCAP1L =   0;
    CCAPM1   =            0X42;
    PCA_PWM2 =            0X00;
    CCAP2H   = CCAP2L =   0;
    CCAPM2   =            0X42;
    CR = 1;
}
```

功能：将 PWM 输出端口设置在 P3.5、P3.6、P3.7 端口，PWM 工作在 8 位进度模式。

9.3 程序详解

9.3.1 灯珠控制程序

由原理图可知，极光 9 圈灯珠由 9 只 PNP 型三极管控制，三极管对应单片机的 9 个 I/O，即 P2 组 8 个 I/O 口和 P1.0 引脚，当需要某一圈灯珠工作时，对应的单片机引脚输出低电平，使三极管导通即可。每圈灯珠点亮时间为 30 μs，然后熄灭，再点

第9章 极 光

亮第二圈,如此反复循环,与数码管动态扫描原理一致。极光点亮代码如程序 C9-1 所示。

程序 C9-1:

```c
#include"STC15F2Kxx.h"
#include"intrins.h"
#define Seg0    P2
#define Seg1    P1
#define off     0xff
unsigned char code Seg_tab[] = {0xfe,0xfd,0xfb,0xf7,0xef,0xdf,0xbf,0x7f};
unsigned char Red,Green,Bule;
void Delay30us();
void main()
{
    unsigned char i;
    while(1)
    {
        for(i = 0;i<8;i++)
        {
            Seg0 = Seg_tab[i];
            CCAP0H = Red;
            CCAP1H = Green;
            CCAP2H = Bule;
            Delay30us();
            CCAP0H = CCAP0L = 0;CCAP1H = CCAP1L = 0;CCAP2H = CCAP2L = 0;
        }
        Seg0 = off;
        Seg1 = 0xfe;
        CCAP0H = Red;
        CCAP1H = Green;
        CCAP2H = Bule;
        Delay30us();
        CCAP0H = 0;CCAP1H = 0;CCAP2H = 0;
        Seg1 = off;
    }
}
void Delay30us()        //@33.1776 MHz
{
    unsigned char i,j;
    _nop_();
    _nop_();
    _nop_();
    i = 1;
    j = 244;
    do
    {
        while(--j);
    } while(--i);
}
```

P2(Seg0)组端口控制 8 圈 LED,通过输出控制字(0xfe,0xfd,0xfb,0xf7,0xef,0xdf,0xbf,0x7f),依次导通控制每圈灯珠的三极管。将这些控制字存放于数组中,方便调用。for 循环的作用是依次点亮 8 圈 led,第 9 圈 LED 由 P1 口控制程,故单独写为一段。点亮每一圈的方式相同,即选通某一圈、PWM 输出、延时 30 μs、关闭 PWM 输出。PWM 输出语句为:

```
CCAP0H = Red;
CCAP1H = Green;
CCAP2H = Bule;
```

其中,Red、Green、Bule 取值范围为 0~255,实际测试中不要超过 100,否则会烧毁 LED 灯珠。测试时,改变 3 个变量的数值可观察到不同颜色的组合,如"Red=50,Green=0,Bule=50"时显示紫色。以红色由弱到强这一显示效果为例,CCAPnH 寄存器数据变化规律如表 9-9 所列。

表 9-9 CCAPnH 寄存器数据变化规律

CCAP0H	CCAP1H	CCAP2H	寄存器名称
R(红色)	G(绿色)	B(蓝色)	
0	0	0	
1	0	0	
2	0	0	
3	0	0	
4	0	0	
⋮	⋮	⋮	
43	0	0	
44	0	0	
45	0	0	
46	0	0	
47	0	0	
48	0	0	
49	0	0	
50	0	0	

需要实现红色由弱到强变化时,CCAP0H 内寄存器数据递增,CCAP1H 和 CCAP2H 寄存器数值不变。

点亮完某一圈后,须对 CCAP0H 寄存器进行清零操作,否则前一圈显示的颜色会加载到后一圈上,清零的意义与动态数码管显示中的"消除鬼影"目的一致。

9.3.2 颜色变化方案

由程序 C9-1 可知,改变 Red、Green、Bule 这 3 个变量的值即可改变颜色,为了

第 9 章 极 光

实现不同动画效果以及动画效果之间的切换,程序上采用"填充法"显示,即把要显示的颜色数值存放在数组中,按照一定规律调用数组内的数据并输出到 CCAPnH 寄存器,以达到颜色变化功能。代码如程序 C9-2 所示。

程序 C9-2:

```
#include"STC15F2Kxx.h"
#include"intrins.h"
#define Seg0    P2
#define Seg1    P1
#define off     0xff
unsigned char code Seg_tab[] = {0xfe,0xfd,0xfb,0xf7,0xef,0xdf,0xbf,0x7f};
unsigned char xdata Fill_buf[27] = {0,0,0,0,0,0,0,0,0,0,0,0,0,0,0,0,0,0,0,0,0,0,0,
                                    0,0,0,0};
unsigned char Red,Green,Bule;
void Delay30us();
void main()
{
    unsigned char i;
    while(1)
    {
        for(i = 0;i<8;i++)
        {
            Seg0 = Seg_tab[i];
            CCAP0H = Fill_buf[3 * i];
            CCAP1H = Fill_buf[3 * i + 1];
            CCAP2H = Fill_buf[3 * i + 2];
            Delay30us();
            CCAP0H = 0;CCAP1H = 0;CCAP2H = 0;
        }
        Seg0 = off;
        Seg1 = 0xfe;
        CCAP0H = Fill_buf[3 * i];
        CCAP1H = Fill_buf[3 * i + 1];
        CCAP2H = Fill_buf[3 * i + 2];
        Delay30us();
        CCAP0H = 0;CCAP1H = 0;CCAP2H = 0;
        Seg1 = off;
    }
}
void Delay30us()        //@33.1776MHz
{
    unsigned char i, j;
    _nop_();
    _nop_();
    _nop_();
    i = 1;
    j = 244;
    do
    {
```

```
        while ( -- j);
    } while ( -- i);
}
```

与程序 C9-1 区别之处在于,CCAPnH 寄存器赋值时不再是变量,而是数组。Fill_buf 数组内有 27 个数,与 9 圈 LED 对应关系如图 9-8 所示。

Fill_buf[0]	R	第 1 圈
Fill_buf[1]	G	
Fill_buf[2]	B	
Fill_buf[3]	R	第 2 圈
Fill_buf[4]	G	
Fill_buf[5]	B	
Fill_buf[6]	R	第 3 圈
Fill_buf[7]	G	
Fill_buf[8]	B	
Fill_buf[9]	R	第 4 圈
Fill_buf[10]	G	
Fill_buf[11]	B	
Fill_buf[12]	R	第 5 圈
Fill_buf[13]	G	
Fill_buf[14]	B	
Fill_buf[15]	R	第 6 圈
Fill_buf[16]	G	
Fill_buf[17]	B	
Fill_buf[18]	R	第 7 圈
Fill_buf[19]	G	
Fill_buf[20]	B	
Fill_buf[21]	R	第 8 圈
Fill_buf[22]	G	
Fill_buf[23]	B	
Fill_buf[24]	R	第 9 圈
Fill_buf[25]	G	
Fill_buf[26]	B	

图 9-8 Fill_buf 数组与圈数对应关系

改变 Fill_buf 数组内的数值可实现不同颜色显示,若使第 1、4、7 圈灯珠显示红色,第 2、5、8 圈显示绿色,第 3、6、9 圈显示蓝色,则可对 Fill_buf 数组进行如下赋值:

```
unsigned char xdata Fill_buf[27] = {50,0,0,0,50,0,0,0,50, 50,0,0,0,50,0,0,0,50, 50,0,0,0,50,0,0,0,50};
```

在极光动画显示中,改变 Fill_buf 数组内数据的"填充"方式,便可实现不同动画模式。

9.3.3 呼吸灯模式显示原理

本小节介绍呼吸灯模式显示原理,程序中为模式 2(Mode==2)。Mode2_tab 数组中存放的是三基色数据,3 个连续数据为一组。如整个极光显示蓝色时,先在 Mode2_tab 数组取出"0,0,50"数据,此数据为一圈的颜色输出值,显示 9 圈需要 27 字节,需将数据变为如下格式并存放到 Fill_buf 数组中:

Fill_buf[27] = {0,0,50, 0,0,50, 0,0,50, 0,0,50, 0,0,50, 0,0,50, 0,0,50, 0,0,50, 0,0,50}

数据存储到 Fill_buf 数组中后,再通过控制程序输出显示。对比原始数据和 Fill_buf 数组中的数据可知,原始数据只须"复制"9 次存储到数组即可,通过如下语句实现:

```
for(i = 0;i<9;i++)
{
    Fill_buf[3 * i] = Mode2_tab[Animation2];
    Fill_buf[3 * i + 1] = Mode2_tab[Animation2 + 1];
    Fill_buf[3 * i + 2] = Mode2_tab[Animation2 + 2];
}
```

循环一次即向 Fill_buf 数组存放一次原始数据,连续 9 次。变量 Animation2 取值为 3 的整倍数:0、3、6、9 等,这样便可将事先设计好的动画显示数据连续从 Mode1_tab 数组中连续读取出来。

动画模式 2 控制程序如下:

```
while(Mode == 2)
{
    if(Rest == 0)IAP_CONTR = 0x60;
    if(Animation2<Mode2_End)
    {
        for(i = 0;i<9;i++)
        {
            Fill_buf[3 * i] = Mode2_tab[Animation2];
            Fill_buf[3 * i + 1] = Mode2_tab[Animation2 + 1];
            Fill_buf[3 * i + 2] = Mode2_tab[Animation2 + 2];
        }
        for(i = 0;i<8;i++)
        {
            Seg0 = Seg_tab[i];
            CCAP0H = Fill_buf[3 * i];
            CCAP1H = Fill_buf[3 * i + 1];
            CCAP2H = Fill_buf[3 * i + 2];
            Delay30us();
            CCAP0H = 0;CCAP1H = 0;CCAP2H = 0;
```

```
            }
            Seg0 = off;
            Seg1 = 0xfe;
            CCAP0H = Fill_buf[3 * i];
            CCAP1H = Fill_buf[3 * i + 1];
            CCAP2H = Fill_buf[3 * i + 2];
            Delay30us();
            CCAP0H = 0;CCAP1H = 0;CCAP2H = 0;
            Seg1 = off;
        }
        else
        Animation2 = Start0;
}
```

第一个 for 循环作用是将从 Mode2_tab 数组中取出的 3 个原始数据"填充"到显示缓存数组 Fill_buf 中,也可以理解为将 3 字节数据转换为 27 字节数据;再通过显示程序将 Fill_buf 数组中的数据输出到单片机端口进行颜色显示。改变变量 Animation2 的数值即可改 LED 灯珠颜色,为达到呼吸灯效果,需要精确计时使程序实现 Animation2 变量增量变化,本程序通过使用定时器 0 中断实现。定时器 0 中断设置时间为 1 ms,初始化程序如下:

```
void Timer0Init(void)        //1 ms @33.177 6 MHz
{
    AUXR |= 0x80;            //定时器时钟 1T 模式
    TMOD &= 0xF0;            //设置定时器模式
    TL0 = 0x66;              //设置定时初值
    TH0 = 0x7e;              //设置定时初值
    TF0 = 0;                 //清除 TF0 标志
    ET0 = 1;
}
```

(此初始化程序通过 STC 官方计算器生成。)

定时器 0 中断函中动画模式 2 功能程序如下:

```
if(Mode == 2)
{
    Count2 ++ ;
    if(Count2 == 30)
    {
        Count2 = 0;
        Animation2 = Animation2 + 3;
    }
}
```

每产生 30 次中断(Count2==30),执行语句"Animation2=Animation2+3",即从 Mode2_tab 数组中取一组显示数据。30 次中断意味着每 30 ms 颜色(亮度)产生一次变化,调整此数值可以改变"呼吸灯"变化速率。

Mode2_tab 数组中的数据是有限的,因此,Animation2 取值范围为 0～Mode2_tab(数组内数字节数最大值)。程序中由变量 Mode2_End 表示,主函数中,用 sizeof 统计数组内字节数(Mode2_End=sizeof(Mode2_tab))。

9.3.4 波浪式动画显示原理

波浪式动画实际上由呼吸灯显示效果演变而来,程序中为模式 1(Mode==1)。实现波浪式动画效果必须满足如下 3 个条件:

① 外圈永远比内圈滞后显示,如第 2 圈比第一圈延时 N(单位 ms),第 3 圈比第 2 圈延时 N(单位 ms),依此类推。

② 单圈灯珠颜色变化规律为冷色调向暖色调过度,或暖色调向冷色调过度。

③ 圈与圈之间的颜色差异与条件①一致,当确定单圈颜色变化是冷色调→暖色调时,那么 9 圈灯珠中靠内的灯珠颜色偏向冷系,靠外的圈数偏向暖系。

波浪式的显示效果是由延迟显示和色彩变幻共同实现的,缺一不可。

本章将极光颜色变化方式设定为冷色调转向暖色调,根据此规律设计出 R、G、B 三基色的数据,再将数据存储在 Mode1_tab1 数组中,不断调用数组中的数据赋值给 CCAPnH 寄存器,实现颜色变化。

动画模式 1 控制程序如下:

```
if(Rest == 0)IAP_CONTR = 0x60;
if(Animation1>Mode1_End)Animation1 = Mode1_End;
    for(i = 0;i<9;i++)
    {
        if(Circle[i] == Mode1_End)Circle[i] = Mode1_Start;
    }
    for(i = 0;i<9;i++)
    {
        Fill_buf[3 * i] = Mode1_tab[Circle[i]];
        Fill_buf[3 * i + 1] = Mode1_tab[Circle[i] + 1];
        Fill_buf[3 * i + 2] = Mode1_tab[Circle[i] + 2];
    }
    for(i = 0;i<8;i++)
    {
        Seg0 = Seg_tab[i];
        CCAP0H = Fill_buf[3 * i];
        CCAP1H = Fill_buf[3 * i + 1];
        CCAP2H = Fill_buf[3 * i + 2];
        Delay30us();
        CCAP0H = 0;CCAP1H = 0;CCAP2H = 0;
    }
    Seg0 = off;
    Seg1 = 0xfe;
    CCAP0H = Fill_buf[3 * i];
    CCAP1H = Fill_buf[3 * i + 1];
    CCAP2H = Fill_buf[3 * i + 2];
```

```
Delay30us();
CCAP0H = 0;CCAP1H = 0;CCAP2H = 0;
Seg1 = off;
```

模式 2 的显示原理和模式 1 是一致的,即都是从数组中调用数据再输出到端口,但模式 2 中,第 $N(2\leqslant N\leqslant 9)$ 圈始终比第 $N-1$ 圈滞后显示一定时间,圈数与滞后时间对应关系如表 9-10 所列。

表 9-10　圈数与滞后时间对应关系

第 N 圈	滞后时间/ms
1	0・Delay・Speed
2	1・Delay・Speed
3	2・Delay・Speed
4	3・Delay・Speed
5	4・Delay・Speed
6	5・Delay・Speed
7	6・Delay・Speed
8	7・Delay・Speed
9	8・Delay・Speed

为实现每圈滞后显示,让每一圈各自有变量来分别调用 Model_tab1 数组数据,程序中以 Circle 数组代替变量,如第一圈通过 Circle[0]调用数组数据、第 2 圈通过 Circle[1]调用数组数据等,依以类推。Circle[0]～Circle[8]取值范围为 0～Model_End,其中,Model_End 为 Model_tab1 数组内字节数最大值,通过语句"Model_End = sizeof(Model_tab)"求得。Circle 数组内任意数据大于 Model_End 时,原则上需要置零,但实际的程序中做了如下处理:

```
for(i = 0;i<9;i ++ )
{
    if(Circle[i] == Model_End)Circle[i] = Model_Start;
}
```

Model_Start 值为 153(#define Model_Start 153),这里等于 153 意义是:任意一圈显示完 Model_tab1 数组内最后一组数据后,不再从 Model_tab1 数组第一组数据开始调用,而是将第 52 组数据(153/3+1)作为起始数据输出颜色,这样做的目的是遵循显示颜色方案中冷色调向暖色调变化的规律。用户也可以自己调整 Model_Start 的值。

Circle 虽然是数组,但作用与模式 2 中变量 Animation2 的功能一致,都是用于调用数组数据,且增量都是 3,故与动画模式 1 一样,通过定时器 0 中断函数实现。定时器中断函数中,模式 1 功能程序代码如下:

```
    if(Mode == 1)
    {
        Count1 ++ ;
        if(Count1 == Speed)
        {
            Count1 = 0;
            Animation1 = Animation1 + 3;
                for(i = 0;i<9;i ++ )
                {
                    if(Animation1>i * Delay)
                    Circle[i] = Circle[i] + 3;
                }
        }
    }
}
```

程序功能:每产生 20 次中断,即 20 ms(Count1==Speed)后,Circle 数组内的数据进行一次增量赋值,从而实现颜色变化。

9.3.5 模式切换

主函数中,有 3 个 while 循环:

```
while(Mode == 0)
{
    ⋮
    无任何显示
}
while(Mode == 1)
{
    ⋮
    动画模式 1
}
while(Mode == 2)
{
    ⋮
    动画模式 2
}
```

变量 Mode 为模式控制字,默认为 0,当"Mode==0"时,P1 与 P2 端口均输出高电平,所有三极管均处于截止状态,LED 灯珠不工作,此时为待机模式。当"Mode==1"时,执行动画模式 1 显示方案。当"Mode==2"时,执行动画模式 2 显示方案。变量 Mode 值的变化通过外部中断 0 实现。

采用外部中 0 端口 P3.2,设置为下降沿触发方式,外部中断 0 函数如下:

```
void INT_0(void) interrupt 0
{
    Mode ++ ;
    if(Mode == 1)
    {
```

```
        TR0 = 1;          //定时器0开始计时
    }
    if(Mode==2)
    {
        Count1 = 0;
    }
    if(Mode>2)
    {
        Mode = 0;
        Count2 = 0;
        TR0 = 0;
    }
}
```

首次按下切换按键后触发外部中断,进入到中断函数,执行 Mode++,于是"Mode==1",进入到动画模式1,须开启定时器0(TR0=1)。第二次按下切换按键轴,于是"Mode==2",进入到动画模式2;为保证再次返回到模式1后可以正常显示,变量 Count1 须置零。第三次按下切换按键后,"Mode>2";为保证可再次进入到待机模式,Mode 须置零,并关闭定时器0(R0=0)。同时,为保证再次进入到模式2可正常显示,Count2 须置零。

第 10 章

12864 液晶屏频谱显示

第 6、7 章介绍了 1602 液晶屏使用方法,单片机常用的液晶显示模块除 1602 外, 12864 液晶屏也是较为常用的显示器件。本章通过制作频谱显示电路,介绍 12864 液晶屏使用方法及 STC15 系列单片机的 A/D 转换功能。

10.1 硬件制作

1. 元件材料

元件材料清单如表 10-1 所列。其中,12864 液晶屏分为带汉字字库和不带汉字字库两种,本项目未使用汉字显示功能,因此两种规格均可。万能板此处选用双面板,方便电路布局。

表 10-1 元件材料清单

名 称	数 量	规格/型号	备 注
万能板	1	8 cm×12 cm	双面板
单片机	1	STC15F2K32S2-DIP40	15F2K 系列均可
40pIC 座	1		
12864 液晶屏	1		
20p 排针母座		2.54 mm 间距	
3.5 mm 耳机插座	1	Pj-317/PJ-318/Pj-325	
4p 排针	1	2.54 mm 间距	
拨动开关	1		
10 kΩ 电阻	1	1/4 W 金属膜	
10 kΩ 可调电阻	1	立式	
220 μF 电解电容	1		
0.1 μF 独石电容	1		
3.5 mm 一分二音频线	1		
3.5 mm 音频延长线	1		
USB 转 TTL 下载器	1		PL303 或 CH340

2. 原理图

原理图如图 10-1 所示。

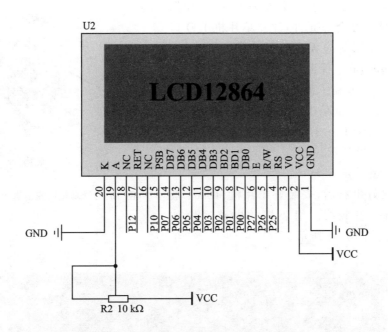

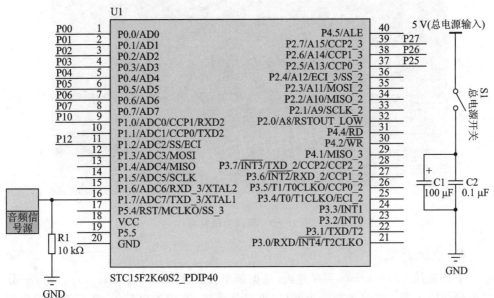

图 10-1 频谱显示原理图

3. 制作过程

(1) 元件焊接

本设计元件数量少,焊接较为简单,根据原理图焊接好全部元件,注意单片机 I/O 口与 12864 引脚对应无误即可。焊接 3.5 mm 耳机插座时,必须保证耳机插座接地端与电路共地,左右声道端任意声道端口连接到单片机 I/O 即可,并尽量减少走线距离,以避免信号干扰。以封装 PJ-318 耳机插座为例,引脚定义如图 10-2 所示。

(2) 组　装

焊接好电路后,安装好单片机、12864 液晶屏,插入音频线。组装好的电路系统如图 10-3、图 10-4 所示。

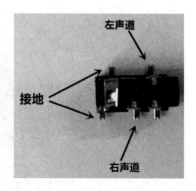

图 10-2　耳机插座引脚示意图

图 10-3　系统电路背面

4. 系统调试

下载文件 C10-4.hex 到单片机,晶振频率设置为 24.000 MHz。3.5 mm 一分二音频线输入端连接到音频输出端口,可以是手机、笔记本电脑等,两个输出端分别连接到音响和频谱显示电路。连接好后打开电路开关,播放音乐,可看到液晶屏显示柱状频谱,效果如图 10-5 所示。

第10章 12864液晶屏频谱显示

图10-4 系统电路正面

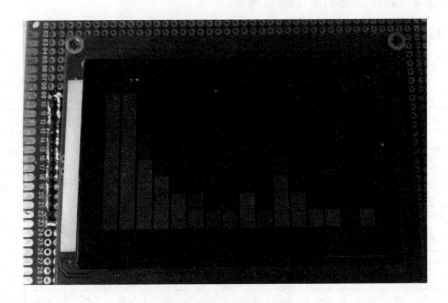

图10-5 频谱显示效果

可能导致频谱变化不正常因素及解决方案如下：
① 检查 P1.7 端口处下拉电阻是否焊接正常；
② 耳机插座接地端是否正确与系统电路共地；
③ 音频源输出有杂波，更换音频输出设备；
④ 音响设备的干扰信号，更换较为优良的音响设备。

第10章 12864液晶屏频谱显示

10.2 硬件原理

10.2.1 A/D转换器

模拟信号是指用连续变化的物理量所表达的信息,如温度、湿度、压力、长度、电流、电压等,通常又把模拟信号称为连续信号,它在一定的时间范围内可以有无限多个不同的取值。而数字信号是指在取值上是离散的、不连续的信号。

实际生产生活中的各种物理量(如摄相机摄下的图像、录音机录下的声音、温度等)都是模拟信号。A/D转换就是将模拟信号转换为计算机可以处理的数字信号,常见的几种类型的A/D转换原理有积分型、逐次比较近型、并行比较型/串并行型、电容阵列逐次比较型及压频变换型。

STC15系列单片机A/D转换为逐次比较型,其A/D转换口在P1口(P1.0~P1.7),是8路电压输入型A/D,10位采样精度,速度可达300 kHz,可用于温度检测、电池电压检测、按键扫描、频谱检测等。

10.2.2 与A/D转换相关的寄存器

与STC15系列单片机A/D转换相关的寄存器如表10-2所列。

表10-2 A/D转换相关寄存器

符号	描述	地址	位地址及其符号							
P1ASF	P1口模拟功能控制寄存器	9DH	P17ASF	P16ASF	P15ASF	P14ASF	P13ASF	P12ASF	P11ASF	P10ASF
ADC_CONTR	ADC控制寄存器	BCH	ADC_POWER	SPEED1	SPEED0	ADC_FLAG	ADC_START	CHS2	CHS1	CHS0
ADC_RES	A/D转换结果寄存器	BDH								
ADC_RESL	A/D转换结果寄存器	BEH								
CLK_DIV PCON2	时钟分频寄存器	97H	MCKO_S1	MCKO_S0	ADRJ	Tx_Rx	MCLKO_2	CLKS2	CLKS1	CLKS0
IE	中断允许寄存器	A8H	EA	ELVD	EADC	ES	ET1	EX1	ET0	EX0
IP	中断优先级控制寄存器	B8H	PPCA	PLVD	PADC	PS	PT1	PX1	PT0	PX0

1. P1口模拟功能控制寄存器 P1ASF

STC15系列单片机的P1口通过软件将8路中的任何一路设置为A/D转换,不需作为A/D使用的P1口可继续作为I/O口使用。需作为A/D使用的口先将P1ASF特殊功能寄存器中的相应位置1。P1ASF寄存器与P1口设置关系如表10-3

所列。

表10-3 P1ASF寄存器与P1设置对应关系

P1ASF[7:0]	P1.x 的功能
P1ASF.0=1	P1.0 口作为模拟功能 A/D 使用
P1ASF.1=1	P1.1 口作为模拟功能 A/D 使用
P1ASF.2=1	P1.2 口作为模拟功能 A/D 使用
P1ASF.3=1	P1.3 口作为模拟功能 A/D 使用
P1ASF.4=1	P1.4 口作为模拟功能 A/D 使用
P1ASF.5=1	P1.5 口作为模拟功能 A/D 使用
P1ASF.6=1	P1.6 口作为模拟功能 A/D 使用
P1ASF.7=1	P1.7 口作为模拟功能 A/D 使用

例如：需要 P1.0 引脚为 A/D 转换端口时，P1ASF=0x01 即可。

2. ADC 控制寄存器 ADC_CONTR

ADC_POWER：ADC 电源控制位，0：关闭 ADC 电源，1：打开 A/D 转换器电源。需要启动 ADC 转换功能时，该位须置 1。

SPEED1、SPEED0：A/D 转换器转换速度控制位，用户可通过对 SPEED1、SPEED0 两个操作位赋值来改变 A/D 转换速度，如表 10-4 所列。

表10-4 A/D 转换速度设置参数

SPEED1	SPEED0	A/D 转换所需时间
1	1	90 个时钟周期转换一次
1	0	180 个时钟周期转换一次
0	1	360 个时钟周期转换一次
0	0	540 个时钟周期转换一次

ADC_FLAG：模数转换器转换结束标志位，当 A/D 转换完成后，ADC_FLAG=1，由软件清 0。STC15 系列单片机进行 A/D 转换时，每转换完一次，该位置 1。软件程序判断 A/D 转换可通过查询式或中断式，使用查询式时，判断此位为 1 即代表转换完成。当需要 ADC 产生中断时，每转换完一次，该位置 1 后将请求中断。不管是查询式或中断式，该位都由软件清零。

ADC_START：模数转换器转换启动控制位，设置为 1 时开始转换，转换完成后，自动变为 0，需要下次转换时，该位必须置 1。

CHS2/CHS1/CHS0：模拟输入通道选择控制位，作用是通过软件切换 P1 口哪个 I/O 作为 A/D 输入。CHS2/CHS1/CHS0 赋值与端口选择如表 10-5 所列。

第10章 12864液晶屏频谱显示

表10-5 A/D通道设置参数

CHS2	CHS1	CHS0	功能
0	0	0	P1.0作为A/D输入来用
0	0	1	P1.1作为A/D输入来用
0	1	0	P1.2作为A/D输入来用
0	1	1	P1.3作为A/D输入来用
1	0	0	P1.4作为A/D输入来用
1	0	1	P1.5作为A/D输入来用
1	1	0	P1.6作为A/D输入来用
1	1	1	P1.7作为A/D输入来用

3. CLK_DIV/PCON 寄存器

该寄存器与A/D转换相关的功能位为ADRJ,作用是调整ADC转换结果:

为0时,ADC_RES[7:0]存放高8位ADC结果,ADC_RESL[1:0]存放低2位ADC结果;

为1时,ADC_RES[1:0]存放高2位ADC结果,ADC_RESL[7:0]存放低8位ADC结果。

4. A/D 转换结果寄存器:ADC_RES、ADC_RESL

特殊功能寄存器ADC_RES和ADC_RESL寄存器用于保存A/D转换结果。

当ADRJ=0时,10位A/D转换结果的高8位存放在ADC_RES中,低2位存放在ADC_RESL的低2位中。此时,如果用户须取完整10位结果,计算公式为:

(ADC_RES<<2+ADC_RESL)=$1024 \cdot V_{in}/V_{CC}$

如用户只须取8位结果,公式为:

ADC_RES=$1024 \cdot V_{in}/V_{CC}$

当ADRJ=1时,10位A/D转换结果的高2位存放在ADC+RES的低2位中,低8位存放在ADC+RESL中。此时,如果用户须取完整10位结果,计算公式为:

(ADC_RESL<<8+ADC_RESL)=$1024 \cdot V_{in}/V_{CC}$

式中,V_{in}为真实测得的电压值,V_{CC}为单片机工作电压,作为参考电压。

5. 中断允许寄存器 IE

STC15系列单片机中新增了A/D转换中断源,每转换完一次,可请求CPU中断,IE寄存器中与ADC功能相关的控制位为EA、EADC。

EA:总中断控制位,需要ADC产生中断时,此位必须置1。

EADC:A/D转换中断允许位:EADC=1,允许A/D转换中断,EADC=0,禁止A/D转换中断。

6. IP：中断优先级控制寄存器

IP 寄存器与 ADC 功能相关控制位为 PADC，用于设置 ADC 中断优先级。

PADC＝0，A/D 转换中断为最低优先级中断（优先级 0）；

PADC＝1，A/D 转换中断为最高优先级中断（优先级 1）。

10.2.3　A/D 转换电路

本项目中，A/D 部分电路如图 10-6 所示。这样设计是因为在常规测试中，手机、笔记本电脑等音频信号的功率较弱，10 kΩ 下拉电阻是为匹配输出阻抗；若实际使用的音频信号输出功率较大，且电路干扰信号较强，则可使用 STC 官方推荐的 A/D 输入电路，如图 10-7 所示。

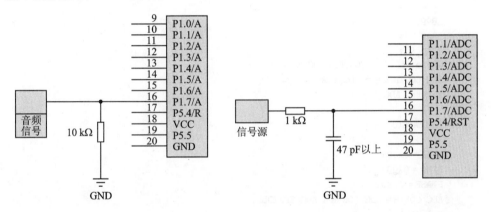

图 10-6　音频信号输入原理图　　　图 10-7　STC 官方推荐的 AD 输入原理图

10.2.4　A/D 测试程序

1. 查询式

查询式 A/D 转换程序中，通过查询转换结束标志位 ADC_FLAG 是否为 1 来判断 A/D 转换是否完成，测试代码如程序 C10-1 所示。

程序 C10-1：

```
#include"STC15F2Kxx.h"
#include "INTRINS.H"
#define ADC_POWER     0x80
#define ADC_FLAG      0x10
#define ADC_START     0x08
#define ADC_SPEEDLL   0x00
#define ADC_SPEEDL    0x20
#define ADC_SPEEDH    0x40
#define ADC_SPEEDHH   0x60
unsigned char GetADCResult(unsigned char ch);
```

第10章 12864液晶屏频谱显示

```c
void InitADC();
void Delay(unsigned int n);
unsigned int ADC;
void main()
{
    InitADC();
    while(1)
    {
        ADC = GetADCResult(7);
    }
}
unsigned char GetADCResult(unsigned char ch)
{
    ADC_CONTR = ADC_POWER|ADC_SPEEDLL|ch|ADC_START;
    _nop_();
    _nop_();
    _nop_();
    _nop_();
    while (!(ADC_CONTR & ADC_FLAG));
    ADC_CONTR &= ~ADC_FLAG;
    return (ADC_RES);
}
void InitADC()
{
    P1M1 = 0x80;
    P1M0 = 0x00;
    P1ASF = 0x80;
    ADC_CONTR = ADC_POWER | ADC_SPEEDLL;
    Delay(2);
}
void Delay(unsigned int n)
{
    unsigned int  x;
    while (n--)
    {
        x = 5000;
        while (x--);
    }
}
```

① ADC功能初始化函数InitADC()：

P1M1 = 0x80；

"P1M0＝0x00;"功能：将P1.7端口设置为高阻态，此时I/O口只能用作输入，可有效降低信号干扰。

"P1ASF＝0x80;"功能：将P1.8端口设置为A/D转换端口。

"ADC_CONTR = ADC_POWER | ADC_SPEEDLL；（即 ADC_CONTR＝0x80；)"功能：打开A/D转换器电源，同时设置转换速度为540个时钟周期转换一

次,速度可以根据需要改变。

② ADC 转换函数 unsigned char GetADCResult(unsigned char ch):
"ADC_CONTR＝ADC_POWER｜ADC_SPEEDLL;(即 ADC_CONTR＝0x88＋ch)"功能:打开 A/D 转换器电源,同时设置转换速度、发送开始转换命令。ch 取值范围 0～7,根据实际使用的端口可写为:

GetADCResult(7);,读取 P1.2 端口;
GetADCResult(6);,读取 P1.7 端口;

"while(!(ADC_CONTR & ADC_FLAG));"功能:判断模数转换器转换结束标志位 ADC_FLAG 是否为 1,不为 1 时说明转换尚未完成,继续判断。转换完成后向下执行语句,并清除 ADC_FLAG 标志位(ADC_CONTR &＝～ADC_FLAG)。

2. 中断式

中断式 A/D 转换程序中,每转换一次后,模数转换器转换结束标志位 ADC_FLAG 将置 1,向 CPU 请求中断,测试代码如程序 C10-2 所示。

程序 C10-2:

```
#include"STC15F2Kxx.h"
#include"INTRINS.H"
#define ADC_POWER   0x80
#define ADC_FLAG    0x10
#define ADC_START   0x08
#define ADC_SPEEDLL 0x00
#define ADC_SPEEDL  0x20
#define ADC_SPEEDH  0x40
#define ADC_SPEEDHH 0x60
#define ch 7;
void InitADC();
void Delay(unsigned int n);
unsigned int ADC;
void main()
{
    InitADC();
    while(1);
}
void ADC_Finish() interrupt 5
{
    ADC_CONTR&=!ADC_FLAG;
    ADC=ADC_RES;
    ADC_CONTR=ADC_POWER|ADC_SPEEDLL|ADC_START|ch;
    _nop_();
    _nop_();
    _nop_();
    _nop_();
}
void InitADC()
```

```
    {
        P1M1 = 0x80;
        P1M0 = 0x00;
        P1ASF = 0x80;
        ADC_CONTR = ADC_POWER | ADC_SPEEDLL;
        Delay(2);
        EA = 1;
        EADC = 1;
    }
    void Delay(unsigned int n)
    {
        unsigned int x;
        while (n--)
        {
            x = 5000;
            while (x--);
        }
    }
```

① ADC 功能初始化函数 InitADC()：

EA = 1;　　　打开总中断
EADC = 1;　　打开 ADC 中断

此时允许 ADC 请求 CPU 中断。

② ADC 中断函数 ADC_Finish() interrupt 5：

当单片机完成一次 A/D 转换后，向 CPU 发送中断请求，CPU 响应后进入到中断函数执行程序，ADC 中断号为 5。

"ADC=ADC_RES;"功能：转换后的 8 位结果赋值给变量 ADC。

10.2.5　12864 液晶屏简介

12864 是 128×64 点阵的汉字图形型液晶显示模块，分为带汉字字库型和非字库行，可显示汉字及图形，内置 8 192 个中文汉字（带汉字字库型）、128 个字符（8×16 点阵）及 64×256 点阵显示 RAM（GDRAM），可直接与单片机 I/O 相接，支持串行通信和并行通信。模块引脚名称及功能如表 10-6 所列。

表 10-6　12864 液晶屏引脚说明

引脚号	引脚名称	功能说明
1	GND	模块的电源地
2	VDD	模块的电源正极
3	V0	LCD 驱动电压输入端
4	RS(CS)	并行的指令、数据选择信号/串行的片选信号
5	R/W(SID)	并行的读/写选择信号/串行的数据口

续表 10-6

引脚号	引脚名称	功能说明
6	E(CLK)	并行的使能信号/串行的同步时钟
7	DB0	并行数据口
8	DB1	
9	DB2	
10	DB3	
11	DB4	
12	DB5	
13	DB6	
14	DB7	
15	PSB	并行/串行方式选择;1,并行;0,串行
16	NC	空脚
17	RST	复位:低电平有效
18	NC	空脚
19	A	背光源正极(5V)
20	K	背光源负极(OV)

10.2.6　12864 液晶屏时序及指令

12864 液晶屏时序分为串行和并行两种,串行传输速率较慢,一般较少使用。此处介绍并行时序读/写两种状态,写数据时序如图 10-8 所示。

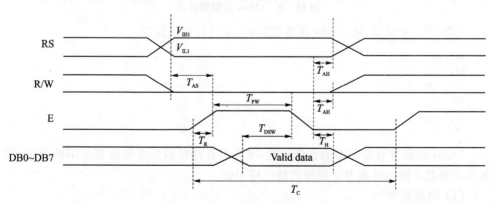

图 10-8　12864 写数据时序图

可见,当向 12864 写入命令时,须进行如下操作:

第10章 12864液晶屏频谱显示

```
RS = 0;
R/W = 0;
P0 = "命令"
EN = 1;
延时
EN = 0;
```

当向12864写数据时,须进行如下操作:

```
RS = 1;
R/W = 0;
P0 = "命令"
EN = 1;
延时
EN = 0;
```

从12864读数据时序如图10-9所示。

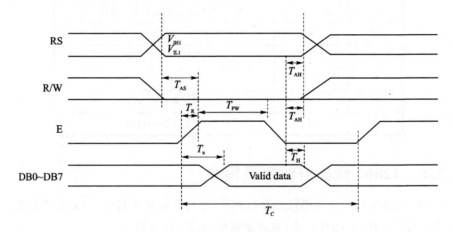

图10-9 12864读数据时序

由图10-9可知,从12864读取数据时,须进行如下操作:

```
RS = 1;
R/W = 1;
P0 = "命令"
EN = 1;
延时
EN = 0;
```

12864液晶屏有着丰富的指令功能,本章只介绍项目程序中需要使用的指令,更多指令参数及用法可参考厂商提供的使用手册。

(1) 清屏显示

RS	R/W	DB7	DB6	DB5	DB4	DB3	DB2	DB1	DB0
0	0	0	0	0	0	0	0	0	1

第10章 12864液晶屏频谱显示

功能：清除显示屏幕，将DDRAM填满"20H"（空字符），并设定DDRAM的地址计数器为0。

RS引脚置0，R/W引脚置0，并口输出控制输出代码0x01。

（2）绘图指令

RS	R/W	DB7	DB6	DB5	DB4	DB3	DB2	DB1	DB0
0	0	0	0	1	1	X	RE	1	0

功能：RE=1，扩充指令集动作，当需要使用绘图功能时，此位必须置1。RE=0，基本指令集动作。G=1，绘图模式开；G=0，绘图模式关。

当需要使用绘图模式时，RS引脚置0，R/W引脚置0，并口输出控制输出代码0x36。

（3）设定GDRAM地址

RS	R/W	DB7	DB6	DB5	DB4	DB3	DB2	DB1	DB0
0	0	1	0	0	0	0	0	0	0

功能：绘图模式时，用于设定GDRAM地址。

RS引脚置0，R/W引脚置0，并口输出控制输出代码0x80＋（地址编号）。

（4）向RAM写入数据

RS	R/W	DB7	DB6	DB5	DB4	DB3	DB2	DB1	DB0
1	0	0	0	0	0	0	0	0	0

功能：在绘图模式下，向RAM写入要显示的字符。

RS引脚置1，R/W引脚置0，并口输出显示字符。

RS引脚的电平用于区分是向液晶屏发送控制命令（RS=1）或是发送显示字符（RS=0）。为方便程序设计，以原理图为基准，将单片机I/O做如下定义：

```
sbit Rest = P3^0;
sbit RS = P2^5;      //并行指令控制脚
sbit RW = P2^6;      //数据读/写控制
sbit E =   P2^7;     //时钟输出
sbit PSB = P1^0;     //并行/串行控制脚
sbit RST = P1^2;     //复位脚
```

将指令发送、字符数据发送函数设计为：

```
void  W_R_Data(unsigned char Data,bit DI)
{
    RW = 0;
    RS = DI;
    DelayXus(24);    //延时函数
    Data_out = Data;
    E = 1;
```

第 10 章 12864 液晶屏频谱显示

```
    DelayXus(24);     //延时函数
    E = 0;
}
```

Data 为发送的指令或数据，DI＝0 时，发送指令；DI＝1 时，发送数据。用法如下：

```
W_R_Data(0x36,0);        发送指令 36
W_R_Data(0xFF,1);        发送显示字符"FF"
```

10.2.7 12864 液晶屏显示原理

使用绘图功能时，12864 液晶屏可看作是 128×64 的点阵，根据控制程序可分为上半屏和下半屏，各占 32×128 点阵。每个半屏又被分为 8 组模块，如图 10-10 所示。

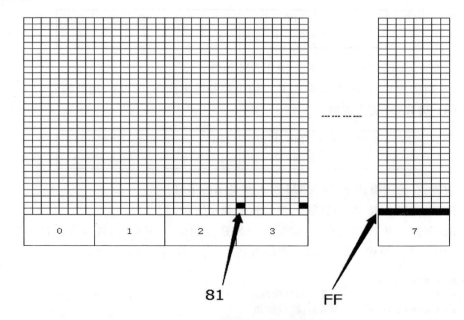

图 10-10　12864 分组示意图

每组横向有 8 个点，对应一字节，每次输出一字节数据，控制一组中的 8 个点，图中显示效果的控制字符分别为 0x81、0xFF。

使用绘图模式时，先输入横坐标地址，再输入纵坐标地址，再连续写入当前横坐标下的显示字符，共 16 字节，程序代码如下：

```
W_R_Data("横坐标地址",0);
W_R_Data("纵坐标地址",0);
for(j = 0;j<16;j++)
W_R_Data("显示字符",1);
```

第 10 章　12864 液晶屏频谱显示

12864 液晶屏的上下半屏横坐标起始地址均为 80H，上半屏纵坐标起始地址为 80H，下半屏纵坐标起始地址 88H，全屏控制代码如程序 C10-3 所示。

程序 C10-3：

```c
#include"STC15F2Kxx.h"
#include "INTRINS.H"
#include <string.h>
sbit Rest = P3^0;
sbit RS = P2^5;              //并行指令控制脚
sbit RW = P2^6;              //数据读/写控制
sbit E =   P2^7;             //时钟输出
sbit PSB = P1^0;             //并行/串行控制脚
sbit RST = P1^2;             //复位脚
#define Data_out P0          //并口数据输出
void W_R_Data(char Data,bit DI);
void Display();
void DelayXus(unsigned char n);
void Draw_int();
void main()
{
    Draw_int();
    while(1)
    {
        if(Rest == 0)IAP_CONTR = 0x60;
        Display();
    }
}
void  Draw_int()
{
    DelayXus(200);
    PSB = 1;
    W_R_Data(0x36,0);
    DelayXus(80);
    W_R_Data(0x01,0);
    DelayXus(80);
}
void   W_R_Data(unsigned char Data,bit DI)
{
    RW = 0;
    RS = DI;
    DelayXus(24);
    Data_out = Data;
    E = 1;
    DelayXus(24);
    E = 0;
}
void Display()
{
    unsigned char idata i,j;
```

```c
        for(i = 0;i<32;i ++ )
        {
            W_R_Data((0x80 + i),0);
            W_R_Data(0x80,0);
            for(j = 0;j<16;j ++ )
            W_R_Data(0xFF,1);
        }
        for(i = 0;i<32;i ++ )
        {
            W_R_Data((0x80 + i),0);
            W_R_Data(0x88,0);
            for(j = 0;j<16;j ++ )
            W_R_Data(0xFF,1);
        }
    }
    void DelayXus(unsigned char idata n)
    {
        while (n -- )
        {
            _nop_();
            _nop_();
            _nop_();
            _nop_();
        }
    }
```

程序功能:液晶屏全屏点亮。这里需要说明下面两个函数:

(1) 初始化函数 Draw_int()

PSB=1 功能:液晶屏工作在并行通信方式。

W_R_Data(0x36,0)功能:设置液晶屏工作在绘图模式。

W_R_Data(0x01,0)功能:清屏。

(2) Display()函数

第一个 for 循环嵌套为上半屏显示,变量 i 作为地址增量;第二个 for 循环嵌套为下半屏显示,结构与上半屏显示完全相同,不同之处在于下半屏纵坐标的地址其实为 0x88。两个 for 嵌套实现了上下半屏字符的输出显示。

10.2.8 频谱显示原理

频谱显示并不陌生,在功放设备、计算机软件、智能设备中,常常可以见到频谱显示,人们通过频谱显示效果仿佛看到音乐在"跳动"。频谱显示实际上是通过傅里叶级数将音频信号从时域转换到频域。由于傅里叶级数本身理论过于复杂,这里简单概括为:任何周期函数都可以看作是不同振幅、不同相位正弦波的叠加,同样的,一段音频信号也可以看作若干个不同正弦波的叠加,分解后的正弦波幅度变化即为频谱。频谱显示中,音频信号由单片机进行 A/D 采集后,经傅里叶变换最终得到的幅值(数字量)数值用于频谱显示。

本项目用较通俗的方式介绍频谱原理。傅里叶级数级、快速离散傅里叶变换方法及相关推导公式可参考专业书籍。

10.3 程序详解

本节主要介绍 12864 的频谱显示方案。FFT 函数部分(fast Fourier transform)为离散傅里叶变换快速算法,函数原型及推导公式可参考专业书籍理解。本节完整程序代码见配套资料中的程序 C10-4。

1. 显示缓存数组

频谱显示效果中共有 16 组柱形,因此将液晶屏的 128×64 个点分为横向 64 行,纵向 16 列,每列 8 个点。显示缓存数组的作用是存储即将输出显示的柱形字符。12864 液晶屏一帧画面字节数为 128×64÷8=1 024(字节),为便于程序设计,将缓存数组设计为二维数组,即 unsigned char xdata Dis_buf[64][16],此时可更直观地将显示缓存数组与"64 行"、"16 列"对应。单片机内部 RAM 只有 256 字节,远远小于所需要的 1 024 字节,所以使用拓展 RAM;访问拓展 RAM 时,用 xdata 关键字。

2. 12864 液晶屏显示函数

液晶屏显示函数 Display() 的作用是将缓存数组内的字符依次写入到液晶屏中,两个 for 循环嵌套分上下半屏,将 Dis_buf 数组中的前 512 字节数据(32×16)和后 512 字节数据写入到液晶屏中。显示函数不断将显示缓存数组中的数据写入到液晶屏中,改变 Dis_buf 数组内的数据即可改变显示效果。

3. 频谱显示刷新方案

采集到的音频信号经 FFT 函数处理后将音频信号进行 16 分频,求得的幅值存储在 Buf 数组中,值的范围为 0~8。若将 Buf 中的数据直接进行输出显示,则液晶屏只能在 1~8 行范围显示,剩余 56 行的显示范围将被闲置,达不到较好的观赏效果。

为获得较好的观赏效果并合理利用液晶屏显示面积,纵向上将液晶屏等分为 8 组,每组填充的数据完全相同,此时液晶屏可等效看作是 8×16 点阵;但此时点阵的每个显示单元不是由一个二进制位控制的点,而是液晶屏的一个区域,每个区域由 16×8 个点构成。为实现一次可以填满一个区域,设定基准显示数组 Dis_table[9][8]。语句"Dis_buf[63-j][i]=Dis_table[Buf[i]][j/8]"作用是将基准显示数组中的数据按区域填充到显示缓存数组中,此语句可等效为:

Dis_buf[63-j][i] = Dis_table[N][j/8]　N 取值范围 0~8(此测试代码见程序 C10-4-1)

当 N=1 时,液晶屏显示效果如图 10-11 所示。

第 10 章　12864 液晶屏频谱显示

图 10-11　N 等于 1 时显示效果

当 N=2 时，液晶屏显示效果如图 10-12 所示。

图 10-12　N 等于 2 时显示效果

当 N 等于 1,2,3……8 时，柱状图案不断增高，直到到达屏幕顶端。程序中，实际显示输出语句为"Dis_buf[63-j][i]=Dis_table[Buf[i]][j/8]"。i 取值是 0~15，Buf[i]即依次输出 FFT 函数转换后的幅值，对应 12864 液晶屏中的 16 竖列柱形。Fill_up 函数并不是实时刷新频谱显示的，而是通过定时器 1 中断函数调用，程序如下：

```
void LEDRefresh_INT() interrupt 3
{
    Fill_up();
}
```

定时器 1 设定中断时间为 20 ms，每间隔 20 ms 产生中断后调用一次 Fill_up 函数，用于刷新频谱显示数据。通过定时器中断刷新频谱显示的优点是可以让显示效果有停顿感，并可通过改变定时器参数来设定频谱刷新速率。

第 11 章

8×8×8 光立方

光立方又称立方光或 LED CUBE,如图 11-1 所示,因其炫酷的动画效果吸引了无数 DIY 爱好者制作光立方,或对光立方进行改良、升级。近几年来,光立方逐渐成为国内外最受追捧的 DIY 制作之一。本项目介绍 Chinked-out 工作室自主设计的光立方。本章通过光立方的制作,介绍单片机端口扩展方法和串口通信功能。

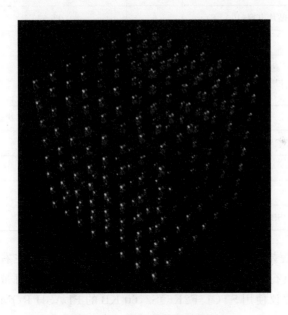

图 11-1 光立方显示效果图

11.1 硬件制作

光立方设计元件、布线过多,为方便制作,须使用定制 PCB。单片 PCB 板加工价格为 20~25 元。PCB 工程文件在本书配套资料中下载。

1. 元件材料

元件材料清单如表 11-1 所列。

第 11 章　8×8×8 光立方

表 11-1　元件材料清单

名　称	数　量	规格/型号
万能板	1	18 cm×18 cm 以上
PCb	1	定制
单片机 STC15F2K60S2	1	LQFP44
74hc154	4	SOP-24
电阻 100	8	0805
电阻 10 kΩ	6	0805
贴片按钮	5	3 mm×6 mm×2.5 mm
钽电容(220 μF)	2	7343
贴片电容(100 nF)	6	0805
自锁开关	1	7 mm×7 mm
迷你 USB 母座	1	
铜柱(含螺母)	4	M3×10 mm
灯珠	512	2 mm×5 mm×7 mm 雾状蓝色
弯排针	8	
直排针	2	每组 40P
白色飞线	2	米
USB 转 TTL 下载器	1	

　　LED 灯珠在焊接过程中容易出现损坏,所以应准备 20 颗左右灯珠备用。灯珠颜色可根据喜好自行选择,不同颜色灯珠及雾状与非雾状材质可带来不同的视觉感受。单片机此处建议使用 STC15F2K60S2,60 KB 的 FLASH ROM 空间可以存储更多动画数据。

2. 原理图及 PCB

　　原理图由两部分构成,第一部分为单片机、按键等周边元件,如图 11-2 所示。第二部分由 4 枚 74HC154 组成的端口扩展电路构成,如图 11-3 所示。PCB 如图 11-4 所示。

　　注意,原理图及 PCB 中少部分元件为拓展功能,实际中并未使用,拓展部分用户可自行开发,或不需要时在定制 PCB 时删除。定做的 PCB 正面和背面如图 11-5、图 11-6 所示。

第 11 章　8×8×8 光立方

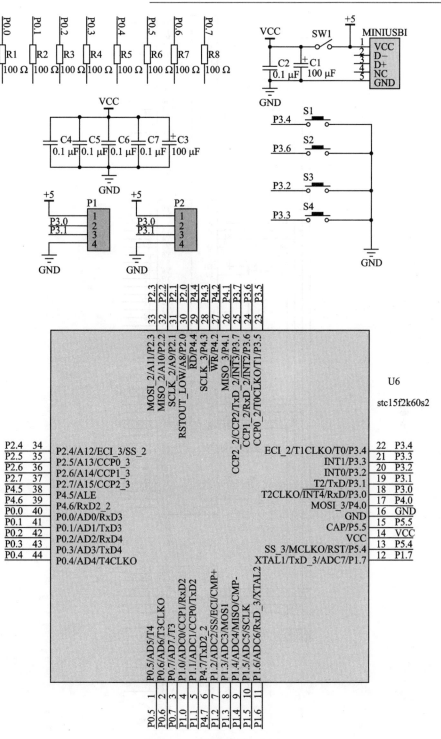

图 11-2　原理图第一部分

第 11 章 8×8×8 光立方

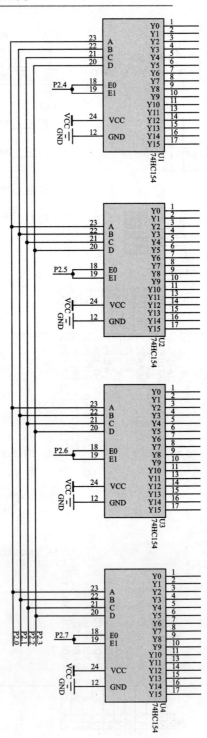

图 11-3 原理图第二部分

第 11 章　8×8×8 光立方

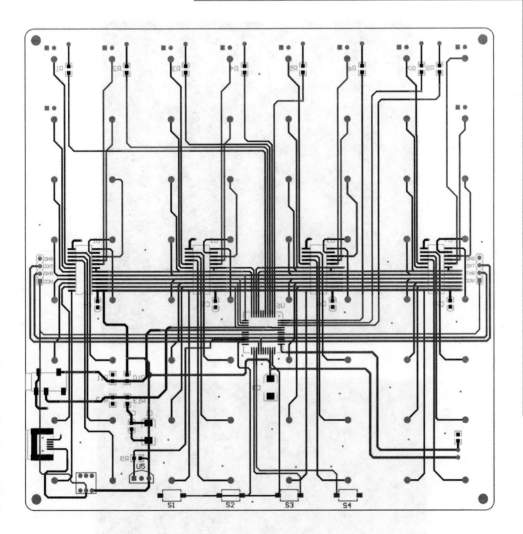

图 11-4　PCB 布局图

3. 制作过程

(1) 灯珠焊接

光立方共由 512 颗 LED 灯珠组成,分为 8 个 8×8 LED 点阵组成,每个点阵须借助焊接模板进行焊接。焊接模板为边长均大于 18 cm 的万能板,焊接好 64 组间距为 2.54 mm 的 2P 排针,排针横向间距 6 个孔,纵向间距 7 个孔,如图 11-7 所示。

为使灯珠可焊接为点阵,须对灯珠做如下弯折:正、负极引脚同方向弯折 90°,负极引脚再向下弯折 90°,如图 11-8 所示。

弯折好的灯珠依次摆放到焊接模板上,灯珠两两之间的正极、负极引脚须对接好。以 4 颗灯珠为例,摆放方式如图 11-9 所示。

第11章 8×8×8 光立方

图 11-5 PCB 背面

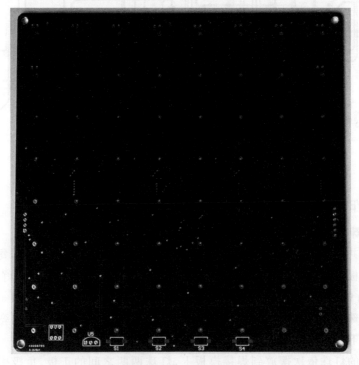

图 11-6 PCB 正面

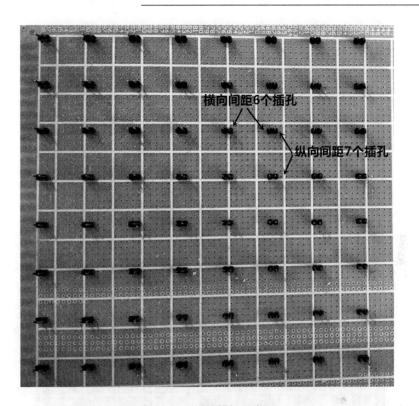

图 11-7 焊接模板示意图

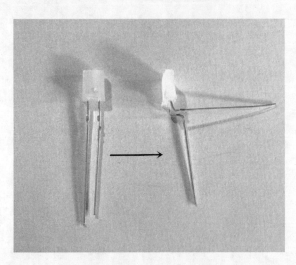

图 11-8 灯珠弯折示意图

摆放好 64 颗灯珠后,将横向上 8 行灯珠正极引脚焊接,纵向上将 8 列灯珠负极引脚焊接。当全部的灯珠正负极引脚焊接完成后,组成一个 8×8 LED 点阵,如图 11-10 所示。

第11章 8×8×8 光立方

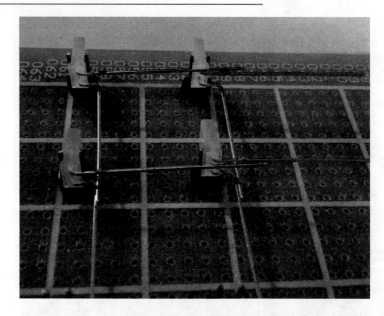

图 11-9 灯珠摆放示意

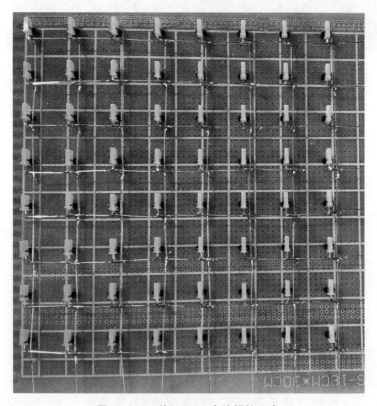

图 11-10 单组 8×8 点阵焊接示意

用此方法焊接好全部的8组8×8 LED点阵,至此,光立方显示部分制作完毕。

(2) PCB元件焊接

根据PCB丝印及原理图焊接好74HC154芯片和单片机、电容、按键开关等元件,其中,R1~R8为100 Ω电阻。

(3) 灯珠与PCB组装

将焊接好的8组LED点阵共阴极插入到PCB对应的过孔上,并焊接固定。8组点阵的所有共阳极朝向箭头所指方向,如图11-11所示。

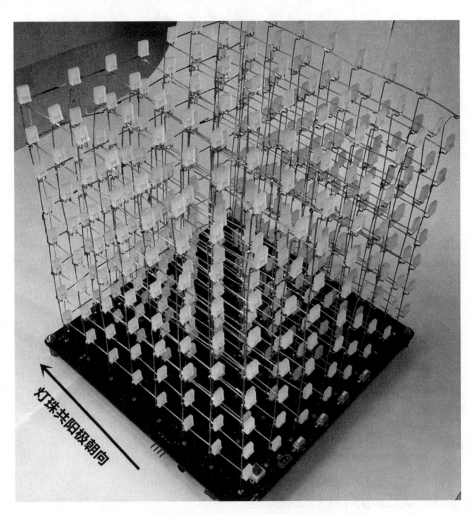

图11-11 灯珠与PCB连接示意

灯珠的共阳极横向方向并联,形成8层共阳极平面;横向的8组共阳极引脚通过细导线跳线至PCB焊接点(箭头所指处),如图11-12所示。

图 11-12 灯珠共阳极连线示意

4. 电路调试

下载程序 C11-3.hex,时钟频率为 22.118 4 MHz,光立方可播放动画即为正常。常见故障及解决方案如下:

(1) 某一竖列灯珠不亮

检测此列灯珠共阴极引脚和 PCB 是否焊接牢固,或根据原理图找到与 PCB 焊盘对应的 74HC154 引脚,检测芯片引脚是否焊接正常。

(2) 横向某一层灯珠不亮

检测该层所在的共阳极结点是否与 PCB 焊盘焊接牢固;共阳极共有 8 个,分别对应单片机 P0 端口的 8 个 I/O,检测单片机 P0 端口或电阻 R1~R8 是否焊接好。

11.2 硬件原理

11.2.1 光立方灯珠控制原理

1. 灯珠分组

光立方的 512 颗灯珠由 8 个 8×8 LED 点阵平面组成,而每个 8×8 LED 点阵平面又可看作是由 8 组共阴极的灯柱组成,每组灯柱的共阴极依次连接到 4 片 74HC154 芯片的输出端,共 64 组灯柱。灯珠的阳极全部并联为 8 个点,分别连接到单片机的 P0 口。

与无驱动 8×8 点阵控制原理相同,单片机一次只点亮一组灯柱上的 8 颗灯珠,每组灯柱工作短暂时间后熄灭,再马上点亮下一组灯柱,根据"视觉暂留"原理,人眼看上去是 64 组灯柱(512 颗 LED)同时在工作。

74HC154 芯片的作用是依次导通 64 组灯柱,单片机 P0 口输出动画字符,每导通一组灯珠,输出一字节动画字符,每一帧的动画数据须连续读 64 字节数据。

2. 单片机端口扩展原理

光立方的 64 组共阴极和一组共阳极需要 72 个 I/O 进行控制,而选用的单片机 STC15F2K60S2 封装为 LQFP44,用户可使用的 I/O 个数为 42 个,为满足控制需求,这里使用 4 线译码器 74HC154 进行 I/O 拓展。

74HC154 是一款高速 CMOS 器件,引脚兼容低功耗肖特基 TTL(LSTTL)系列。74HC154 译码器可接收 4 位高有效二进制地址输入,并提供 16 个互斥的低有效输出。74HC154 输入与输出关系如表 11-2 所列。

表 11-2 74HC154 真值表

输入						输出低电平的端口
E0	E1	D	C	B	A	
L	L	L	L	L	L	Y0
L	L	L	L	L	H	Y1
L	L	L	L	H	L	Y2
L	L	L	L	H	H	Y3
L	L	L	H	L	L	Y4
L	L	L	H	L	H	Y5
L	L	L	H	H	L	Y6
L	L	L	H	H	H	Y7
L	L	H	L	L	L	Y8
L	L	H	L	L	H	Y9
L	L	H	L	H	L	Y10
L	L	H	L	H	H	Y11
L	L	H	H	L	L	Y12
L	L	H	H	L	H	Y13
L	L	H	H	H	L	Y14
L	L	H	H	H	H	Y15
L	H	X	X	X	X	—
H	L	X	X	X	X	—
H	H	X	X	X	X	—

说明:L 为低电平(0),H 为高电平(1),"—"表示均输出高电平。

第 11 章　8×8×8 光立方

由表 11-2 可知，74HC154 的 E0 和 E1(18、19 脚)均为低电平时，A、B、C、D 端口输入有效；E0 和 E1 任意一端口为高电平时，A、B、C、D 输入无效，此时输出端全部为高电平。利用这一特点可将 4 片 74HC154 进行级联，级联后的 4 片 74HC154 输入端全部并联，P2.4、P2.5、P2.6、P2.7 分别连接 4 片 74HC154 的 E0 和 E1 脚，单片机 I/O 口依次输出"0"，对应的 74HC154 将进入使能状态，输出端可对外进行输出。通过 4 片 74HC154 芯片级联，可以实现一组单片机端口由 8 个 I/O 拓展为 64 个可对外输出低电平的 I/O。

3. 灯珠点亮原理

每个灯珠必须在一个闭合回路内才可正常点亮，灯珠的阴极由 74HC154 控制，阳极由单片机 P0 端口控制。当选通某一组灯柱时，P0 端口输出 FF 即可点亮一组灯柱上的 8 颗灯珠。4 片 74HC154 实现 64 组灯柱负极的轮流导通，P0 口为每一组灯珠阳极输出高电平，从而形成完整回路。光立方全亮效果如程序 C11-1 所示。

程序 C11-1：

```c
#include"STC15F2Kxx.h"
#include"intrins.h"
unsigned char code Choose154[4] = {0xe0,0xd0,0xb0,0x70};
void Delay50us();
void main()
{
    unsigned char i,j;
    P0M1 = 0x00;
    P0M0 = 0xff;
    while(1)
    {
        for(i = 0;i<4;i++)
        {
            P2 = Choose154[i];
            for(j = 0;j<16;j++)
            {
                P0 = 0xff;
                P2 = Choose154[i]|j;
                Delay50us();
                P0 = 0x00;
            }
        }
    }
}
void Delay50us()        //@22.1184 MHz
{
    unsigned char i, j;
    _nop_();
    _nop_();
    i = 2;
    j = 15;
```

```
    do
    {
        while ( -- j);
    } while ( -- i);
}
```

程序运行效果:光立方灯珠全部点亮。

当i＝0、1、2、3时,语句"P2＝Choose154[i]"作用是依次将 4 片 74HC154 的 E0、E1 端口拉低,使其可以对外输出;j＝0～15 时,语句"P2＝Choose154[i]|j"作用是将当前使能状态芯片的输出端依次输出低电平。通过两个 for 循环,实现 4 片 74HC154 的 64 个输出端口依次输出低电平。

语句"P0＝0xff"作用是点亮每一组灯柱的 8 颗灯珠,每组灯柱列点亮 50 μs 后,延时后关闭 P0 端口输出(P0＝0x00),进入到下一组灯柱的选通、点亮。

11.2.2 UART 串口

联机动画显示模式中,须使用单片机串行口与 PC 机进行通信。单片机 UART 串行口是一个可编程的全双工通信接口,该接口通过引脚 P3.0(RXD)、P3.1(TXD)与外界通信,比如和单片机、计算机或其他支持串口通信的外围设备。STC15 系列增强型单片机具备多个串行通信端口,并可改变通信端口号。由于增强型单片机具有多个串口,这里只介绍与传统 8051 单片机兼容的串口 1。与串行口 1 相关的寄存器如表 11-3 所列。

表 11-3 串行口 1 相关寄存器

符 号	功能描述	地 址
T2H	定时器 2 高 8 位寄存器	D6H
T2L	定时器 2 低 8 位寄存器	D7H
AUXR	辅助寄存器	8EH
SCON	串行控制寄存器	98H
PCON	电源控制寄存器	87H
SBUF	串行口数据缓冲寄存器	99H
IE	中断允许寄存器	A8H
IP	中断优先级控制寄存器	B8H

1. 定时器 2 的寄存器 T2H、T2L

定时器 2 寄存器 T2H、T2L 用于保存重装时间常数,除定时器 2 外,也可以选择定时器 1 作为波特率发生器。

2. 辅助寄存器 AUXR

辅助寄存器 AUXR 用于控制串口的定时器选择及定时器工作模式,此处只介绍与串口相关的位功能。辅助寄存器 AUXR 内部格式如表 11-4 所列。

表 11-4　AUXR 寄存器位标识

位	B7	B6	B5	B4	B3	B2	B1	B0
名称	T0x12	T1x12	UART_M0x6	T2R	T2_C/T	T2x12	EXTRAM	S1ST2

T0x12：定时器 0 速度控制位：

为 0，定时器 0 是传统 8051 速度，12 分频；

为 1，定时器 0 的速度是传统 8051 的 12 倍，不分频。

T1x12：定时器 1 速度控制位：

为 0，定时器 1 是传统 8051 速度，12 分频；

为 1，定时器 1 的速度是传统 8051 的 12 倍，不分频。

UART_M0x6：串口模式 0 的通信速度设置位：

为 0，串口 1 模式 0 的速度是传统 8051 单片机串口的速度，12 分频；

为 1，串口 1 模式 0 的速度是传统 8051 单片机串口速度的 6 倍，2 分频。

T2R：定时器 2 允许控制位：

为 0，不允许定时器 2 运行；

为 1，允许定时器 2 运行。

T2_C/T：控制定时器 2 用作定时器或计数器：

为 0，用作定时器（对内部系统时钟进行计数）；

为 1，用作计数器（对引脚 T2/P3.1 的外部脉冲进行计数）。

T2x12：定时器 2 速度控制位：

为 0，定时器 2 是传统 8051 速度，12 分频；

为 1，定时器 2 的速度是传统 8051 的 12 倍，不分频。

S1ST2：串口 1（UART1）选择定时器 2 作波特率发生器的控制位：

为 0，选择定时器 1 作为串口 1（UART1）的波特率发生器；

为 1，选择定时器 2 作为串口 1（UART1）的波特率发生器，此时定时器 1 得到释放，可以作为独立定时器使用。

3. 串行口 1 控制寄存器 SCON

SCON 寄存器用于配置串行口的工作方式及数据收发状态。STC15 系列单片机串行口可工作在方式 0、方式 1、方式 2、方式 3，共 4 种模式。通常都只使用方式 1，即 8 位 UART 格式，此处只介绍方式 1 相关功能位。SCON 寄存器格式如表 11-5 所列。

当 SM0=0，SM1=1 时，串行口工作在方式 1。

TI：发送中断请求标志位。在方式 1 中，发送完一字节数据后，自动由硬件置位（即 TI=1），响应中断后 TI 必须用软件清零。

表 11-5　SCON 位标识

位	B7	B6	B5	B4	B3	B2	B1	B0
名　称	SM0	SM1	SM2	REN	TB8	RB8	TI	RI

RI：接收中断请求标志位。在方式中 1，接收完一字节数据后，自动由硬件置位，RI=1，向 CPU 发中断申请，响应中断后 RI 必须由软件清零。

4．PCON：电源控制寄存器（不可位寻址）

PCON 寄存器用于控制串行口工作时波特率是否翻倍及数据校验功能设置，其内部格式如表 11-6 所列。

表 11-6　PCON 寄存器位标识

位	B7	B6	B5	B4	B3	B2	B1	B0
名　称	SMOD	SMOD0						

SMOD：波特率选择位。当用软件置位 SMOD（即 SMOD=1）时，则使串行通信方式 1，2，3 的波特率加倍；SMOD=0，则各工作方式的波特率加倍。复位时，SMOD=0。

SMOD0：帧错误检测有效控制位。当 SMOD0=1 时，SCON 寄存器中的 SM0/FE 位用于帧错误检测功能；当 SMOD0=0 时，SCON 寄存器中的 SM0/FE 位用于 SM0 功能，和 SM1 一起指定串行口的工作方式。复位时，SMOD0=0。

5．串行口数据缓冲寄存器 SBUF

STC15 系列单片机的串行口 1 缓冲寄存器（SBUF）的地址是 99H，实际是 2 个缓冲器，分别为读功能和写功能。写 SBUF 的操作完成待发送数据的加载，读 SBUF 的操作可获得已接收到的数据。两个操作分别对应两个不同的寄存器，一个是只写寄存器，一个是只读寄存器。

6．IE：中断允许寄存器（可位寻址）

IE 为中断允许寄存器，其格式如表 11-7 所列。

表 11-7　IE 寄存器位标识

位	B7	B6	B5	B4	B3	B2	B1	B0
名　称	EA	ELVD	EADC	ES	ET1	EX1	ET0	EX0

EA：CPU 的总中断允许控制位，EA=1，CPU 开放中断。
ES：串行口中断允许位：
ES=1，允许串行口中断，ES=0，禁止串行口中断。

7．IP：中断优先级控制寄存器低（可位寻址）

IP 寄存器为中断优先级控制寄存器，可将串口中断设置为最高优先级，其内部格式如表 11-8 所列。

表 11-8　IP 寄存器标识

位	B7	B6	B5	B4	B3	B2	B1	B0
名　称	PPCA	PLVD	PADC	PS	PT1	PX1	PT0	PX0

PS：串行口 1 中断优先级控制位：当 PS=0 时，串行口 1 中断为最低优先级中断；当 PS=1 时，串行口 1 中断为最高优先级中断。

11.3　程序详解

光立方有两种动画显示方式，即内置动画显示模式和联机显示模式，前者无须借助上位机，但动画帧数有限；后者须借助上位机播放动画，但无动画帧数上限限制。本节分别介绍两种显示模式的程序设计及模式切换功能。

11.3.1　内置动画显示模式

1. 初始显示程序

由程序 C11-1 可知，光立方通过逐列扫描的方式点亮灯珠，但程序 C11-1 中单片机的输出端口 P0 始终输出 0xff，光立方只能呈现全亮状态。为使光立方可显示丰富的动画，当每一竖列灯柱选通时，P0 口须输出不同字符，64 列灯珠即 64 次输出，每次输出一字节，对应一列上的 8 颗灯珠（8 位）。控制代码如程序 C11-2 所示。

程序 C11-2：

```
#include"STC15F2Kxx.h"
#include"intrins.h"
unsigned char code Rom_play[] = {
0xff,0xff,0xff,0xff,0xff,0xff,0xff,0xff,
0x00,0x00,0x00,0x00,0x00,0x00,0x00,0x00,
0x00,0x00,0x00,0x00,0x00,0x00,0x00,0x00,
0x00,0x00,0x00,0x00,0x00,0x00,0x00,0x00,
0x00,0x00,0x00,0x00,0x00,0x00,0x00,0x00,
0x00,0x00,0x00,0x00,0x00,0x00,0x00,0x00,
0x00,0x00,0x00,0x00,0x00,0x00,0x00,0x00,
0xff,0xff,0xff,0xff,0xff,0xff,0xff,0xff,
0xff,0x81,0x81,0x81,0x81,0x81,0x81,0xff,
0x00,0x7e,0x7e,0x7e,0x7e,0x7e,0x7e,0x00,
0x00,0x00,0x00,0x00,0x00,0x00,0x00,0x00,
0x00,0x00,0x00,0x00,0x00,0x00,0x00,0x00,
0x00,0x00,0x00,0x00,0x00,0x00,0x00,0x00,
0x00,0x00,0x00,0x00,0x00,0x00,0x00,0x00,
0x00,0x7e,0x7e,0x7e,0x7e,0x7e,0x7e,0x00,
0xff,0x81,0x81,0x81,0x81,0x81,0x81,0xff,
```

```c
};
unsigned char code Choose154[4] = {0xe0,0xd0,0xb0,0x70};
unsigned int Anm = 0;
void Delay50us();
void main()
{
    unsigned char i,j;
    P0M1 = 0x00;
    P0M0 = 0xff;
    while(1)
    {
        for(i = 0;i<4;i++)
        {
            P2 = Choose154[i];
            for(j = 0;j<16;j++)
            {
                P0 = Rom_play[16 * i + j + Anm];
                P2 = Choose154[i]|j;
                Delay50us();
                P0 = 0x00;
            }
        }
    }
}
void Delay50us()         //@22.1184 MHz
{
    unsigned char i, j;
    _nop_();
    _nop_();
    i = 2;
    j = 15;
    do
    {
        while (--j);
    } while (--i);
}
```

Rom_play 数组存放了 2 帧动画数据,每一帧动画都是 64 字节,与程序 C11-1 相比,输出语句变为"P0=Rom_play[16*i+j+Anm]",其中,16*i+j 值的范围是 0~63,因此可以连续将 Rom_play 数组内的 64 个数据赋值给 P0 端口。改变变量 Anm 的值即可改变输出帧,如当 Anm=64 时,P0 输出 Rom_play 数组内第 64~127 字节数据,即显示第二帧。

拓展:改变 Rom_play 数组内数据,下载到光立方观察显示变化,找到数组数据与光立方灯珠对应关系。

2. 完整显示程序

若希望光立方显示更多动画内容,只需要不断向 Rom_play 数组添加动画数据即可。假设现有设计好的动画数据存放在 Rom_play 数组中,为实现连续输出动画数据,并可控制动画帧的切换速度,程序中通过定时器 0 中断实现帧速率控制,控制代码如程序 C11-3 所示。

程序 C11-3:

```c
#include"STC15F2Kxx.h"
#include"intrins.h"
unsigned char code Rom_play[] = {
//动画数据过长,为节约篇幅,此处省略,完整数组数据见本书配套资料
};
unsigned char code Choose154[4] = {0xe0,0xd0,0xb0,0x70};
unsigned int Anm = 0,End;
unsigned char Count = 0;
void Delay50us();
void Timer0Init();
void main()
{
    unsigned char i,j;
    End = sizeof(Rom_play);
    P0M1 = 0x00;
    P0M0 = 0xff;
    Timer0Init();
    while(1)
    {
        if(Anm>End)Anm = 0;
        for(i = 0;i<4;i++)
        {
            P2 = Choose154[i];
            for(j = 0;j<16;j++)
            {
                P0 = Rom_play[16 * i + j + Anm];
                P2 = Choose154[i]|j;
                Delay50us();
                P0 = 0x00;
            }
        }
    }
}
void Delay50us()          //@22.1184 MHz
{
    unsigned char i, j;
    _nop_();
    _nop_();
    i = 2;
    j = 15;
    do
    {
        while (--j);
    } while (--i);
```

```
}
void Timer0Init()           //10毫秒@22.1184MHz
{
    EA = 1;
    ET0 = 1;
    AUXR &= 0x7F;           //定时器时钟12T模式
    TMOD &= 0xF0;           //设置定时器模式
    TL0 = 0x00;             //设置定时初值
    TH0 = 0xB8;             //设置定时初值
    TF0 = 0;                //清除TF0标志
    TR0 = 1;                //定时器0开始计时
}
void Anmtion() interrupt 1
{
    TR0 = 0;
        Count++;
            if(Count == 8)
            {
                Count = 0;
                Anm += 64;
            }
        TR0 = 1;
}
```

程序功能:光立方输出数组内动画数据,当输出完最后一帧数据后,再次从第一帧动画开始显示。

定时器0的初始化函数Timer0Init()将定时时间设置为10 ms。其中,变量Count计算中断次数,当产生8次中断后(if(Count==8)),即每80 ms执行一次语句"Anm+=64",变量Anm的值每增64,动画将进入到下一帧显示。调整if(Count==8)语句中的常量,可改变动画切换速度。

对比程序C11-3与C11-2,主函数在控制代码部分完全一致,为实现动画的循环播放,增加语句"if(Anm>End)Anm=0;",否则中断函数中不断执行"Anm+=64",最终会导致Anm的数值范围超出Rom_play数组实际字节数。超出后,光立方将显示乱码,因此须定义动画结束控制字End,变量End通过语句"End=sizeof(Rom_play)"统计出数组内字节数。

内置动画显示模式下可存储的动画数据取决于单片机Flash ROM大小,Flash ROM越大,可存储的动画数据就越多。8位单片机的寻址空间最大为65 535,即64 KB,本设计中使用的STC15F2K60S2单片机Flash ROM大小为60 KB。理论上可存储的动画字节数为61 440(60×1 024),即960帧(61 440/64)。但单片机的程序代码也存储在Flash ROM中,因此,用于分配光立方动画数组的存储空间实际上小于60 KB;为尽可能多地让Flash ROM存储更多动画数据,应尽量减小控制程序代码。

第 11 章　8×8×8 光立方

11.3.2　联机显示模式

1. 联机显示意义

由于 8 位单片机寻址范围限制,单片机程序存储空器可存储的动画数据十分有限,为使光立方可以显示更多炫酷动画,须借助 PC 机向单片机发送动画数据。PC 机将 TXT 文档中存储的动画数据发送到单片机中显示,不再受单片机 Flash ROM 存储空间上限限制。

单片机与 PC 机的通信须借助 USB 转 TTL 串口模块。

2. 程序设计思路

由内置动画显示模式可知,单片机在单位时间内从动画数组中取出 64 字节数据实现一帧动画显示。因此,让 PC 机在单位时间内发送 64 字节数据到串口,单片机每接收到 64 字节数据后进行输出显示即可实现联机播放功能。完整代码如程序 C11-4 所示。

程序 C11-4:

```
#include"STC15F2Kxx.h"
#include"intrins.h"
unsigned char idata Rec_buf[64];
unsigned char code Choose154[4] = {0xe0,0xd0,0xb0,0x70};
unsigned char Count_rec = 0;
void Delay50us();
void Uart_int();
void main()
{
    unsigned char i,j;
    P0M1 = 0x00;
    P0M0 = 0xff;
    Uart_int();
    while(1)
    {
        for(i = 0;i<4;i++)
        {
            P2 = Choose154[i];
            for(j = 0;j<16;j++)
            {
                P0 = Rec_buf[16*i+j];
                P2 = Choose154[i]|j;
                Delay50us();
                P0 = 0x00;
            }
        }
    }
}
void Delay50us()          //@22.1184 MHz
```

```c
{
    unsigned char i, j;
    _nop_();
    _nop_();
    i = 2;
    j = 15;
    do
    {
        while ( -- j);
    } while ( -- i);
}

void Uart_int()              //115 200 bps@22.118 4 MHz
{
    EA = 1;
    ES = 1;
    SCON = 0x50;             //8 位数据,可变波特率
    AUXR |= 0x04;            //定时器 2 时钟为 Fosc,即 1T
    T2L = 0xD0;              //设定定时初值
    T2H = 0xFF;              //设定定时初值
    AUXR |= 0x01;            //串口 1 选择定时器 2 为波特率发生器
    AUXR |= 0x10;            //启动定时器 2
}
void uart_receive(void) interrupt 4
{
    ES = 0;
        if(RI)
        {
            Rec_buf[Count_rec] = SBUF;
            Count_rec ++ ;
            if(Count_rec>63)Count_rec = 0;
        }
        RI = 0;
    ES = 1;
}
```

(1) 串口初始化函数

串口采用定时器 2 做波特率发生器,波特率为 115 200 bps,工作在 22.118 4 MHz 时钟频率下;若系统时钟频率或波特率需要根据实际选用的单片机做调整,可使用 STC 官方 ISP 软件中自带的"波特率计算器"功能计算参数。程序中,设置串行口工作在模式 1,即 8 位 UART 数据,可变波特率。

(2) 串口中断函数

串口中断函数中,中断号为 4,每接收到一字节数据,产生一次中断请求。接收到的数据存储到 Rec_buf 数组中(Rec_buf[Count_rec]=SBUF),一帧动画有 64 字节,通过变量 Count_rec 计算当前接收到的字节数,每接收一字节数据,变量自加 1;当变量 Count_rec 数值大于 63 时,则代表接收到了 64 次数据,Count_rec 变量须置

零,为下一帧动画数据接收做好准备。

串口每接收到一字节数据产生一次中断,而不是一次中断内接收 64 次数据,64 字节的数据发送是连续的,不管是 PC 机、单片机或是其他串口 IC,连续发送/接收数据时,一次只能发送或接收一字节。

11.3.3 模式切换

光立方可通过切换按钮 S4 实现两种显示模式的切换,默认工作在内置动画显示模式。完整功能代码参考本书配套资料中的代码 C11-5,下面介绍程序中的主要函数功能。

1. 显示程序

与程序 C11-3、程序 C11-4 相比,P0 输出语句改为:

```
switch(Mode)
{
    case 0:P0 = Rom_play[16 * i + j + Anm];break;
    case 1:P0 = Rec_buf[16 * i + j];break;
    default:break;
}
```

其中,Mode 等于 0 时(默认值 0),P0 输出 Rom_play 数组内数据,即内置动画显示;Mode 等于 1 时,P0 输出 Rec_buf 数组内数据,即联机动画显示。

2. 外部中断 0 中断函数 Exint0( ) interrupt 0

S4 按键按下时进入到外部中断 0 中断函数,先执行 Mode++,根据 Mode 数值执行对应功能。首次进入中断式,Mode 值由 0 变为 1,此时执行如下程序:

```
TR0 = 0;   //关闭定时器
AUXR |= 0x10;
```

"AUXR |= 0x10"作用是启动定时器 2。为节约单片机资源,串口初始化函数调用时未开启定时器 2,当 Mode 值等于 1 时,进入到联机显示模式,再开启定时器 2。

再次按下按钮 S4 时,再次执行 Mode++,Mode 数值由 1 变为 2,即大于 1,此时执行如下程序:

```
Mode = 0;
TR0 = 1;
AUXR & = 0xEF;
Clr_Rec_buf();
```

将 Mode 值重新赋值为 0,这样,中断函数结束后显示程序将再次进入到内置动画显示模式,同时,启动定时 0 计数(TR0=1)。为节约单片机资源,关闭定时 2 (AUXR &=0xEF)。Clr_Rec_buf 函数作用是清除 Rec_buf 数组内数据。在启动联机动画模式时,若单片机接收了外部数据,Rec_buf 数组内数值必然发生变化。若在非断电情况下,当再次进入到联机动画模式时,Rec_buf 数组依然保存最后一次接收到的数据,并显示在光立方上,影响显示效果,因此,切换模式时须对 Rec_buf 数组进行数据清零。

11.4 光立方动画设计

光立方动画效果由不同的动画帧组成,每一帧 64 字节,即 512B,与光立方的 512 颗灯珠一一对应,本节简要介绍 2 种常见的光立方动画设计方法。

1. 函数生成

光立方的动画大多数是存在规律的,如由上到下、由左到右、旋转等效果,这些效果是以某个基本图形作为基础演变而来的。在有规律的动画变化过程中,对应的数据同样存在变化规律,如全亮点阵自左向右移动 3 次,此效果对应的 3 帧数据如下:

第 1 帧:

```
0xff,0xff,0xff,0xff,0xff,0xff,0xff,0xff,
0x00,0x00,0x00,0x00,0x00,0x00,0x00,0x00,
0x00,0x00,0x00,0x00,0x00,0x00,0x00,0x00,
0x00,0x00,0x00,0x00,0x00,0x00,0x00,0x00,
0x00,0x00,0x00,0x00,0x00,0x00,0x00,0x00,
0x00,0x00,0x00,0x00,0x00,0x00,0x00,0x00,
0x00,0x00,0x00,0x00,0x00,0x00,0x00,0x00,
0x00,0x00,0x00,0x00,0x00,0x00,0x00,0x00,
```

第 2 帧:

```
0x00,0x00,0x00,0x00,0x00,0x00,0x00,0x00,
0xff,0xff,0xff,0xff,0xff,0xff,0xff,0xff,
0x00,0x00,0x00,0x00,0x00,0x00,0x00,0x00,
0x00,0x00,0x00,0x00,0x00,0x00,0x00,0x00,
0x00,0x00,0x00,0x00,0x00,0x00,0x00,0x00,
0x00,0x00,0x00,0x00,0x00,0x00,0x00,0x00,
0x00,0x00,0x00,0x00,0x00,0x00,0x00,0x00,
0x00,0x00,0x00,0x00,0x00,0x00,0x00,0x00,
```

第 3 帧:

```
0x00,0x00,0x00,0x00,0x00,0x00,0x00,0x00,
0x00,0x00,0x00,0x00,0x00,0x00,0x00,0x00,
0xff,0xff,0xff,0xff,0xff,0xff,0xff,0xff,
0x00,0x00,0x00,0x00,0x00,0x00,0x00,0x00,
0x00,0x00,0x00,0x00,0x00,0x00,0x00,0x00,
0x00,0x00,0x00,0x00,0x00,0x00,0x00,0x00,
0x00,0x00,0x00,0x00,0x00,0x00,0x00,0x00,
0x00,0x00,0x00,0x00,0x00,0x00,0x00,0x00,
```

用程序描述为:

第 11 章 8×8×8 光立方

```c
unsigned char buf[64];
void Clr_buf();
void main()
{
    unsigned char i,j;
    for(j=0;j<3;j++)
    {
        for(i=0;i<8;i++)
            buf[i+j*8]=0xff;
        Clr_buf();
    }
}
void Clr_buf()
{
    unsigned char i;
    for(i=0;i<64;i++)
        Rec_buf[i]=0;
}
```

其中,for 循环左右依次将数组中的不同地址存放数据 0xff,执行结果即为前文中预期的动画字符。若将 for 循环中的 j<3 改为 j<8,即可实现连续移动 8 次的动画效果,那么如何得到这些数据呢? 以 8051 单片机开发环境为例,在语句"buf[i+j*8]=0xff"后增加串口发送程序,即可将每次生成的动画数据发送到计算机,程序如下:

```c
#include"STC15F2Kxx.h"
unsigned char buf[64];
void Send();
void UartInit();
void Clr_buf();
void main()
{
    unsigned char i,j;
    UartInit();
    for(j=0;j<3;j++)
    {
        for(i=0;i<8;i++)
            buf[i+j*8]=0xff;
        Send();
        Clr_buf();
    }
}
void UartInit()            //115 200 bps@22.118 4 MHz
{
    EA=1;
    ES=1;
    SCON=0x50;             //8 位数据,可变波特率
    AUXR |=0x04;           //定时器 2 时钟为 Fosc,即 1T
    T2L=0xD0;              //设定定时初值
```

```
        T2H = 0xFF;              //设定定时初值
        AUXR |= 0x01;            //串口 1 选择定时器 2 为波特率发生器
        AUXR |= 0x10;            //启动定时器 2
}
void Send()
{
        unsigned char i;
        ES = 0;
        for(i = 0;i<64;i++)
        {
                SBUF = buf[i];
                while(!TI);
                TI = 0;
        }
        ES = 1;
}
void Clr_buf()
{
        unsigned char i;
        for(i = 0;i<64;i++)
        Rec_buf[i] = 0;
}
```

Send 函数的作用是将 buf 数组内的数据发送给 64 串口,单片机连接好 PC 机,通过串口助手软件即可得到生成的动画代码。

若想得到不同的动画代码,根据动画变化规律设计不同的动画生成函数即可。若使用其他平台(如 VC、C++、C#),则可直接将生成的数据保存为十六进制数。

2. 上位机动画设计

借助上位机设计可使得设计动画过程变得简单,但工作量较大。由于一帧的数据就有 64 字节,而一字节由 8 位构成,上位机也是 512 个点对于光立方的 512 个灯珠,因此动画设计实际上就是不断点击虚拟灯珠的过程。动画越复杂,单帧的动画设计耗时越长,但无须专门设计动画生成函数,较为直观,并可实时观察到光立方的动画变化效果。

由于光立方配套的上位机软件使用较为简单,只需要下载程序 C11-6 到光立方,连接好 USB 转 TTL 串口模块即可进行动画设计,因此不再占用篇幅专门介绍动画设计软件。

参考文献

[1] 宏晶科技有限公司. STC15F2K60S2 系列单片机器件手册. PDF. 2015.
[2] 丁向荣. 单片微机原理与接口技术——基于 STC15 系列单片机[M]. 北京:电子工业出版社,2012.
[3] 宏晶科技有限公司. STC15F2K60S2 系列单片机器件手册. PDF. 2015.
[4] 郭天祥. 51 单片机 C 语言教程[M]. 北京:电子工业出版社,2009.